安徽省淮河河道管理局水利工程标准化管理丛书

水闸标准化管理

杨　冰　主编

黄河水利出版社

·郑州·

图书在版编目(CIP)数据

水闸标准化管理/杨冰主编. —郑州:黄河水利
出版社,2022.9
(安徽省淮河河道管理局水利工程标准化管理丛书)
ISBN 978-7-5509-3387-3

Ⅰ.①水… Ⅱ.①杨… Ⅲ.①水闸-水利工程管理
Ⅳ.①TV66

中国版本图书馆 CIP 数据核字(2022)第 170830 号

组稿编辑:王志宽 电话:0371-66024331   E-mail:wangzhikuan83@126.com

出 版 社:黄河水利出版社   网址:www.yrcp.com
   地址:河南省郑州市顺河路黄委会综合楼 14 层   邮政编码:450003
发行单位:黄河水利出版社
   发行部电话:0371-66026940、66020550、66028024、66022620(传真)
   E-mail:hhslcbs@126.com
承印单位:河南匠之心印刷有限公司
开本:787 mm×1 092 mm   1/16
印张:10
字数:196 千字
版次:2022 年 9 月第 1 版   印次:2022 年 9 月第 1 次印刷
定价:75.00 元

《水闸标准化管理》

编写组

主　　编　杨　冰

副 主 编　陈乃辉　张春林　程　诚

编写人员　刘　灿　王韵哲　冯宝平　杨春瑞

　　　　　李松林　王美英　刘　渤　张文斌

　　　　　朱　升　陈　祥　蒋洋洋　郑大尉

前　言

　　近年来,水利部部分流域机构和相关省份均积极探索水利工程标准化管理,在加强顶层设计、分类指导实施、完善标准体系、强化绩效考评等方面形成一批可借鉴的水利工程标准化管理的有效做法和好经验。目前,水利行业已制定印发了很多工程运行管理方面的法规标准、规程规范等,涉及水利工程管理工作的各个方面。2022 年 3 月,水利部正式印发《关于推进水利工程标准化管理的指导意见》,为加快推行水利工程标准化管理提供了总体目标和思路。

　　为推行水利工程标准化管理,更好地指导安徽省淮河河道管理局水利工程标准化管理,探索符合水利现代化建设要求的工程管理模式,使标准化管理真正落实落地,促进基层管理能力和管理水平进一步提高,安徽省淮河河道管理局组织编写了"安徽省淮河河道管理局水利工程标准化管理丛书",将现有水利管理法规按照不同的工程类型进行全面系统的查漏补缺,并根据实际应用情况进行必要的删繁就简、去粗取精,研究制定适应安徽省淮河流域经济社会发展形势和发展阶段的统一标准,涵盖水利工程运行管理的全过程、各环节。本丛书共分为《水闸标准化管理》、《堤防标准化管理》2 个分册。

　　《水闸标准化管理》共分为六章,分别为概述、管理任务、管理制度、管理标准、管理流程、信息化建设,系统阐述了水闸标准化管理的工作方法和要求,可作为本系统基层水利管理单位的参考用书。

　　在本书编写过程中,得到了水利部淮河水利委员会建设与运行管理处、安徽省水利厅运行管理处、安徽省临淮岗洪水控制工程管理局等单位和部门的大力支持,在此一并表示感谢!

　　由于编者水平有限、时间仓促,书中难免存在不妥之处,敬请读者批评指正。

作　者

2022 年 8 月

目　录

第一章　概　述

第一节　基本情况

一、单位概况

安徽省淮河河道管理局(原名安徽省淮河修防局,1991 年更名,简称省淮河局)成立于 1961 年 10 月,为安徽省水利厅派出机构,正处级建制。省淮河局的职责任务为:负责安徽省境内淮河干流河道(含颍河茨河铺以下、涡河西阳集以下河段,下同)的统一管理;负责安徽省淮河干流重要堤防、水闸等水利工程的日常管理、调度运用和防汛、维修养护;负责安徽省淮河干流河道及岸线、河口等的管理;依法对淮河干流河道采砂管理进行监督检查;负责授权的安徽省境内淮河河道上的水行政管理。

省淮河局下辖颍东、颍上、凤台、潘集、蒙城、怀远、五河、明光等 8 个淮河河道管理局,王家坝闸、曹台闸、阜阳闸、颍上闸、东湖闸、东淝闸、窑河闸、蚌埠闸、蒙城闸等 9 个水闸管理处和测绘院、防汛机动抢险大队共 19 个直属管理单位。承担沿淮 6 市(阜阳、亳州、六安、淮南、蚌埠和滁州)14 个县(区)700 余 km 堤防、670 km 河道、18 座大中型水闸和 71 座小型涵闸等重要防洪工程的管理任务。

二、工程概况

省淮河局直管水闸共 89 座,其中大型水闸 8 座、中型水闸 10 座、小型水闸 71 座。其中 4 座大型水闸(阜阳闸、颍上闸、蒙城闸、蚌埠闸)属节制闸,主要是为淮河干流、颍河、涡河下泄洪水和调节河道水位,具有泄洪、蓄水灌溉、供水、发电、航运等作用;4 座大型水闸(王家坝闸、曹台闸、城东湖闸、东淝闸)属于蓄洪区上的进、退水闸,主要是在大洪水年份为蓄洪区的启用控制进、退洪水,平时城东湖闸和东淝闸分别调蓄霍邱城东湖和寿县瓦埠湖内的水量。中小型水闸主要是湖泊、洼地等连接主河道的控制性工程,主要作用为防洪、排涝、蓄水,部分水闸还具有引取水源,为沿河湖区域提供工、农业用水的功能。

结合历史条件和安徽淮河水系特点,各水闸设计类型较多:大型水闸结构型式以开敞式为主,中型水闸以胸墙式为主,小型水闸以涵洞式为主;启闭方式有卷扬式、螺杆式、液压式;闸门结构型式有弧形门、平板门、人字门、上扉门、下扉门等。

三、工程管理情况

近年来,省淮河局坚持以习近平新时代中国特色社会主义思想为指导,全面贯彻落实水利部、安徽省水利厅党组治水兴水管水决策部署,不断提高政治站位、转变管理理念、健全体制机制,形成了一套比较完善的省级水利工程管理制度体系和技术标准体系,2012年主持编制了安徽水利行业标准《水闸技术管理规范》(DB34/T 1742—2012),2020年对该规范进行了修订,成为安徽省水闸工程技术管理的重要依据。

省淮河局局直各水管单位按照法律法规、规范性文件和技术标准的要求,结合各工程实际情况,制定了水闸技术管理实施细则和各项规章制度,明确各岗位职责,落实技术管理和安全运行各项责任制;省淮河局每年定期开展平时检查和专项检查,督促各单位严格执行各项制度,不定期组织开展水闸检查观测、维修养护、安全管理、目标考核等专题培训,常态化开展闸门运行工技能竞赛,不断提高基层水管单位水闸管理的业务能力和水平。安徽省蚌埠闸工程管理处和王家坝闸管理处分别于2015年、2019年通过国家级水管单位验收。2021年底,省淮河局直管大中型水闸除阜阳闸因属三类病险水闸外,全部通过省级水利工程标准化管理考核评价。

在水闸管理工作中注重实用技术的攻关和研究,启闭机吊物孔遮挡装置、钢丝绳保护专用油脂及其制备方法、启闭机高精度限位装置等获发明专利或实用新型专利,并在安徽省推广运用,取得显著的技术经济效益;建成安徽省淮河河道管理信息化系统,水闸安全监测、水闸自动化和信息化水平显著提高。

第二节　标准化管理

水利工程标准化管理是一种管理工作方法,最终目的是要求严格落实水利工程管理主体责任,执行水利工程运行管理制度和标准,充分利用信息平台和管理工具,规范管理行为,提高管理能力,保障水利工程运行安全,保证工程效益充分发挥。

一、指导思想

以习近平新时代中国特色社会主义思想为指导,深入贯彻落实"节水优先、空间均衡、系统治理、两手发力"的治水思路,坚持人民至上、生命至上,统筹发展和安全,立足新发展阶段、贯彻新发展理念、构建新发展格局,推动高质量发展,强化水利体制机制法制管理,推进工程管理信息化、智慧化,构建推动水利高质量发展的工程运行标准化管理体系,因地制宜,循序渐进地推动水利工程标准化管理,保障水利工程运行安全,保证工程效益充分发挥。

二、工作目标

按照水利部、安徽省水利厅有关标准化管理的要求,进一步强化省淮河局直管水闸工程安全管理,消除重大安全隐患,落实管理责任,完善管理制度,提升管理能力,建立健全运行管理长效机制,全面实现标准化管理,建成一批水闸工程标准化管理的样板、示范工程。

三、工作要求

从水闸工程状况、安全管理、运行管护、管理保障和信息化建设等方面,实现水利工程全过程标准化管理。

(1)工程状况。工程现状达到设计标准,无安全隐患;主要建筑物和配套设施运行状态正常,运行参数满足现行规范要求;金属结构与机电设备运行正常、安全可靠;监测监控设施设置合理、完好有效,满足掌握工程安全状况需要;工程外观完好,管理范围环境整洁,标志标牌规范醒目。

(2)安全管理。工程按规定注册登记,信息完善准确、更新及时;按规定开展安全鉴定,及时落实处理措施;工程管理与保护范围划定并公告,重要边界界桩齐全明显,无违章建筑和危害工程安全活动;安全管理责任制落实,岗位职责分工明确;防汛组织体系健全,应急预案完善可行,防汛物料管理规范,工程安全度汛措施落实。

(3)运行管护。工程巡视检查、监测监控、操作运用、维修养护和生物防治等管护工作制度齐全、行为规范、记录完整,关键制度、操作规程上墙明示;及时排查、治理工程隐患,实行台账闭环管理;调度运用规程和方案(计划)按程序报批并严格遵照实施。

(4)管理保障。管理体制顺畅,工程产权明晰,管理主体责任落实;人员经费、维修养护经费落实到位,使用管理规范;岗位设置合理,人员职责明确且具备履职能力;规章制度满足管理需要并不断完善,内容完整、要求明确、执行严格;办公场所设施设备完善,档案资料管理有序;精神文明和水文化建设同步推进。

(5)信息化建设。建立工程管理信息化平台,工程基础信息、监测监控信息、管理信息等数据完整、更新及时,与各级平台实现信息融合共享、互联互通;整合接入雨水情、安全监测监控等工程信息,实现在线监管和自动化控制,应用智能巡查设备,提升险情自动识别、评估、预警能力;网络安全与数据保护制度健全,防护措施完善。

四、推进措施

(1)精心组织。按照水利部《关于推进水利工程标准化管理的指导意见》和安徽省水利厅的有关要求,制订标准化管理实施计划和方案,落实工作责任,加强队伍建设,加大经费保障,加快智慧水利建设,全力推进水闸工程标准化管理。

(2)巩固提升。按照标准化管理的评价要求,坚持补短板、强弱项,不断夯实运行安全管理基础,及时总结标准化管理成效,注重学习借鉴其他单位的先进管理经验和做法,促进水闸管理水平的提高。

(3)永续发展。立足自身,持续改进,促进管理体系不断完善、管理技术不断升级、管理能力不断增强、管理质效不断提升,以标准化管理促进精细化、现代化管理。

第二章　管理任务

第一节　一般要求

水闸工程承担着防洪减灾、水资源供给、水生态改善等重要任务,按照现行水利工程管理的相关规定,水闸技术管理包括控制运用、检查观测、养护修理、安全管理、技术档案等工作内容。水闸管理单位应贯彻执行有关法律、法规、标准和制度,做好管护工作,保证工程安全;应建立落实控制运用办法、闸门操作规程等规章制度和管理责任制,安全、正确、及时运用水闸;加强检查观测,掌握工程运行状况,制订养护修理计划,及时消除缺陷和隐患;定期开展设备等级评定和安全鉴定,做好工程保护、安全生产和防汛抢险工作。

水闸标准化管理要求从水闸工程状况、安全管理、运行管护、管理保障和信息化建设等方面,实现全过程标准化管理,管理单位必须制订分解年度工作计划,明确各阶段重点工作任务,对相对固定的工作任务按年、月、周、日等时间段进行细分,形成工作任务清单,明确工作项目、时间节点、主要内容、责任对象,内容应具体详细;要将每项工作落实到岗到人,及时进行跟踪检查,发现问题及时纠正、处理,确保各项工作任务按计划落实到位。水闸工程管理任务如图2-1所示。

第二节　任务清单

一、控制运用

水闸管理单位对闸门的启闭,应严格按照控制运用办法及有指挥权限的上级部门的指示执行;正常情况下,管理单位按照批准的控制运用办法控制闸门,主汛期或特殊情况按上级主管部门指令进行;管理单位接到调度指令后,应结合上下游水位等情况,确定闸门启闭方案,做好设备设施检查、预警等各项准备工作;闸门应由持证的闸门运行工进行操作、监护,并固定岗位,明确职责,做到准确及时,保证工程和操作人员安全;启闭前后工作人员应巡查相关设备,记录工况和相关情况,并对上级主管部门的指令详细记录、复核,执行完毕后应主动向上级主管部门报告;水闸操作人员交接班时,应落实交接班制度,及时通报设备、设施运行情况。

控制运用任务可分为调度管理、运行操作和运行值班管理,任务清单见

表 2-1~表 2-3。

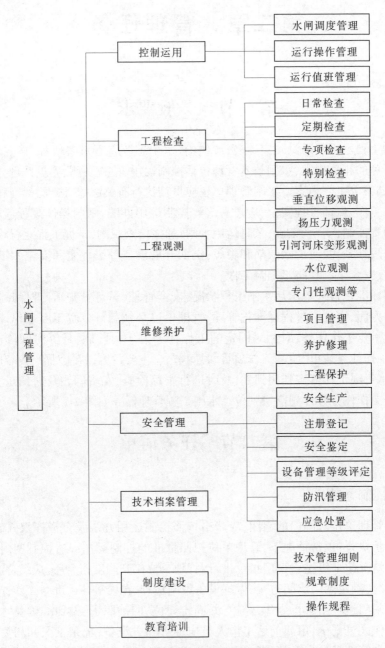

图 2-1 水闸工程管理任务图

（一）调度管理

调度管理包括调度依据、确定方案、调度执行、调度反馈等。调度管理任务清单见表2-1。

表2-1　调度管理任务清单

任务名称	分项任务	工作内容	时间	责任岗位
调度管理	调度依据	按照批准的控制运用办法明确的水位调度或接收有管辖权的防汛指挥机构及上级主管部门调度指令	按水闸控制运用办法或上级调度指令	单位负责人、技术人员、闸门运行工
	确定方案	根据水闸的类型及上下游水情，制订闸门启闭方案		
	调度执行	按批准的控制运用办法明确的水位或上级主管部门调度指令控制闸门		
	调度反馈	执行完毕后，向上级部门反馈闸门控制运用执行情况，填写控制运用记录		

（二）运行操作

运行操作包括运行准备、启闭操作等。运行操作任务清单见表2-2。

表2-2　运行操作任务清单

任务名称	分项任务	工作内容	时间	责任岗位
运行操作	运行准备	接到指令后，运行人员立即到岗到位	启闭前	单位负责人、技术人员、闸门运行工
		做好上下游管理范围、闸门、启闭机、电气设备、监控系统的检查及预警等准备工作		
	启闭操作	按闸门启闭方案及操作规程进行启闭	按启闭方案	技术人员、闸门运行工
		观察电流、电压、上下游水位和流态等	操作过程中	
		核对流量与闸门开度，填写闸门控制运用记录，报告闸门调整情况	操作结束	

（三）运行值班管理

运行值班管理主要包括人员配备与管理、巡查检查、交接班等。运行值班任务清单见表2-3。

表 2-3 运行值班管理任务清单

任务名称	分项任务	工作内容	时间	责任岗位
运行值班管理	人员配备与管理	配备值班人员,制订运行值班计划	运行期	单位负责人、技术人员、闸门运行工
		加强业务学习,遵守工作和劳动纪律		
		保持机房环境整洁,物品规范摆放		
	巡查检查	按照规定的巡查路线,巡查周期、频次,巡查内容及要求进行巡查,填写巡查记录	每天至少1次,汛期应增加巡查频次	
		发现异常情况及时报告、处置		
	交接班	严格执行交接班制度,做好值班记录	运行期	

二、工程检查

工程检查分为日常检查、定期检查、专项检查、特别检查。

(一)日常检查

日常检查包括日巡查、周检查,主要对建筑物各部位、闸门、启闭机、电气设备及管理范围内的河道、堤防、拦河坝和水流形态等进行检查。当水闸遭受不利因素影响或非设计条件下运行时,对关键部位应加强观察。

(二)定期检查

定期检查分为汛前检查、汛后检查。汛前检查重点检查岁修工程完成情况,度汛存在的问题及措施,防汛道路是否通畅,消防设施是否齐全有效,安全防护措施是否到位及相关警示标志是否完好等;汛后检查重点检查工程的变化和损坏情况。

(三)专项检查

专项检查一般分为水闸水下工程设施检查和电气设备及电力安全工器具预防性试验等。

(四)特别检查

当水闸遭受特大洪水、强烈地震和发生重大工程事故时,应及时对工程进行特别检查。

工程检查任务清单见表2-4。电气设备及电力安全工器具预防性试验详见表2-5。

表 2-4　工程检查任务清单

任务名称	分项任务	工作内容	时间及频次	责任岗位
工程检查	日常检查 日巡查	工程设施完好情况;闸门位置是否正确、有无振动;供配电系统、电气设备和自动监控系统工作是否正常;过闸水流形态是否异常;闸区环境卫生状况,有无违章现象等	每日不应少于1次	值班人员
	周检查	除日巡查各项内容外,还应检查闸门封水、上下游漂浮物、机房封闭、启闭机变速箱密封、机体养护、电气设备、机房保洁以及自动监控系统工况等	每周不应少于1次	技术人员、值班人员
	定期检查 汛前检查	全面检查机电设备、工程设施的最新状况,进行必要的设备检测	每年3月底前完成	技术负责人、技术人员、闸门运行工
		水闸维修养护工程、度汛应急工程完成情况		
		水旱灾害防汛应急预案、事故应急预案等建立修订情况		
		抢险队伍建立情况,防汛物资、储备备品备件落实情况		
		对汛前检查情况及存在的问题进行总结,提出初步措施,形成报告,并报上级主管部门		
		接受上级汛前专项检查,按要求整改提高,及时向上级主管部门反馈	4月上旬	
	汛后检查	检查度汛运行后的工程变化情况,根据检查发现的问题,编制下一年度工程维修养护计划,编报汛后检查报告	10月底	技术负责人、技术人员
	专项检查 水闸水下工程设施检查	检查水闸底板、门槽、消力池等水下设施,可利用水下机器人、潜水摸探开展,编制水下检查报告	一般在每年汛前或枯水期进行,超过设计指标运用或行、蓄洪区水闸分洪后应及时进行水下检查	技术负责人、技术人员
	电气设备及电力安全工器具预防性试验	对安全用具、电气设备、仪表进行检测试验,并出具检测报告,张贴检验标志	见表2-5"电气设备及电力安全工器具预防性试验"	技术负责人
	特别检查 全面检查或重点检查	参照定期检查的内容和要求,特殊检查项目可委托专业单位进行,编报特别检查报告	遇特大洪水、超标准运用、地震或重大工程事故等后进行	技术负责人、技术人员

表 2-5　电气设备及电力安全工器具预防性试验

序号	试验项目		试验周期
	设备名称	试验内容	
1	交流电动机	绕组绝缘电阻测量	≤1 年
		二次回路绝缘电阻测量	
		接地电阻测量	
2	柴油发电机	绕组绝缘电阻测量	≤1 年
		蓄电池电压测量	
3	电力电缆	绝缘电阻测量	≤1 年
4	热继电器、电动机保护器	保护动作检测	≤1 年
5	电气仪表	电气仪表检验	≤1 年
6	油浸式电力变压器	绝缘电阻及吸收比测量	≤6 年
		绕组直流电阻测量	
		电压比测量和联结组标号检定	
		有载分接开关试验	
		接地电阻测量	
		绝缘油试验	
7	干式变压器	绕组直流电阻测量	≤6 年
		交流耐压试验	
8	避雷器	绝缘电阻测量	≤1 年
		电气特性试验	
9	避雷针、避雷网	接地电阻测量	≤1 年
10	过电压保护器	绝缘电阻测量	≤1 年
		泄漏电流测量	
11	绝缘杆、绝缘夹钳	工频耐压试验	≤1 年
12	携带型短路接地线	成组直流电阻试验	≤5 年
		操作杆工频耐压试验	
13	电容型验电器	启动电压试验	≤1 年
		工频耐压试验	
14	绝缘手套、绝缘靴	工频耐压试验	≤0.5 年
15	绝缘胶垫	工频耐压试验	≤1 年

注:新设备投入运行 2 年内应进行预防性试验,停运 6 个月以上重新投运的设备应进行预防性试验,设备投运 1 个月内宜进行一次全面带电检测。

三、工程观测

工程观测任务主要包括编制观测任务书,仪器校验,垂直位移观测,扬压力、绕渗观测,引河河床变形观测,水位、流量观测,专门性观测,观测资料分析整编。专门性观测主要包括永久缝、结构应力、地基反力、墙后土压力等观测。

应保持观测工作的系统性和连续性,按照规定的项目、测次和时间,在现场进行观测。要求做到"四随"(随观测、随记录、随计算、随校核)、"四无"(无缺测、无漏测、无不符合精度、无违时)、"四固定"(人员固定、设备固定、测次固定、时间固定),以提高观测精度和效率。工程观测任务清单见表2-6。

表2-6 工程观测任务清单

任务名称	分项任务	工作内容	时间及频次	责任岗位
工程观测	编制观测任务书	在水闸技术管理细则中明确观测项目、观测时间与测次、观测方法与精度、观测成果要求等,报上级主管部门批准	新建工程移交或工程发生变化时	技术负责人
	仪器校验	对水准仪、全站仪、测深仪等进行校验	每年1次	技术人员
	垂直位移观测	测点高程测量、工作基点考证等,同时进行计算、校核,成果整理及初步分析	新建工程竣工验收后两年内每月观测1次;加固工程完成后一年内每月观测1次;经资料分析已趋稳定后,可每年汛前、汛后各测1次	
	扬压力、绕渗观测	测压管水位观测、测压管灵敏度试验(3~5年1次)、测压管管口高程考证、成果整理及初步分析	人工观测测压管水位每月3次	
	引河河床变形观测	河床变形测量、河床断面桩顶高程考证、成果整理及初步分析	每年1次	
	水位、流量观测	现场记载,及时整理,对本工程水位相关曲线进行率定	每天	
	专门性观测	伸缩缝测量	根据需要开展	
	观测资料分析整编	按时上报观测成果,于年底前完成年度观测资料的分析整编。应编写观测工作说明及分析报告,分析观测成果的变化规律及趋势,并对工程的控制运用、维修加固提出初步建议	年底	技术负责人

四、维修养护

水闸工程的维修养护内容主要包括堤防及岸坡土方工程、混凝土及砌石工程、闸门、启闭机、电气设备、通信及监控设施、管理区绿化及环境维护等。水闸工程维修应按照检查评估、编报维修方案(或设计文件)、实施、验收等程序进行;工程出险时,应按预案组织抢修,在抢修的同时报上级主管部门,必要时组织专家论证。

(一)项目管理

项目管理任务清单见表2-7。

表2-7　项目管理任务清单

任务名称	分项任务	工作内容	时间及频次	责任岗位
项目管理	维修养护计划	日常养护项目,按照养护内容、频次编制养护计划;专项工程维修,依据相关定额、规范编报实施方案	水闸日常养护项目根据年度养护计划开展;专项工程项目根据合同工期要求开展	单位负责人、技术人员
	实施准备	自行组织单位人员实施,或按规定选择施工队伍和物资采购		
	项目实施	对项目实施的进度、质量、安全、经费、档案资料进行管理		
	项目验收	项目完工后,及时组织项目完工结算、验收		
	绩效评价	编写项目绩效评价自评报告,接受上级部门评价		

(二)维修养护

维修养护任务清单见表2-8。

表2-8　维修养护任务清单

任务名称	分项任务	工作内容	时间及频次	责任岗位
养护	建筑物	对堤防及岸坡土方工程、混凝土及砌石工程进行养护、清理	根据运行情况确定养护频率,一般在汛前、汛后集中开展,每年全面养护不少于1次	技术人员、闸门运行工
	闸门	对闸门门叶、行走支承装置、止水装置、埋件进行养护		
	启闭机	对机架、注油设施、传动装置、制动装置、液压管路、螺杆、钢丝绳等进行养护		
	电气设备	对电动机、操作设备、控制系统、柴油发电机、变压器、输电线路、防雷与接地装置进行养护		
	通信及监控设施	对通信设施、监控系统硬件设施、监控系统软件系统进行养护		技术人员
	管理设施	对控制室、启闭机房、生产用房、管理区道路、标志标牌、消防设施、观测设施、照明系统进行清理、养护;对水闸管理范围进行绿化美化,对管理区环境进行维护		单位负责人、技术人员
维修	按单个项目划分	按年度下达的专项工程项目计划实施	根据合同工期要求	单位负责人、技术人员

五、安全管理

安全管理任务分为工程保护、安全生产、注册登记、设备管理等级评定、安全鉴定、防汛管理、应急处置。

(一)工程保护

水闸管理单位应根据国家法律法规、技术标准,开展水法规宣传,划定水闸工程管理范围、保护范围,进行划界确权,设置界桩(沟)等明显标志;对水闸管理范围内的水事活动进行监督检查,依法对涉河建设项目进行监督管理,维护正常的工程管理秩序。工程保护任务清单见表2-9。

表2-9　工程保护任务清单

任务名称	分项任务	工作内容	时间	责任岗位
工程保护	水法规宣传	进行水法规宣传,编制水法规宣传年度计划及工作总结	全年	单位负责人、技术人员
	划界确权	按照规定划定工程管理范围和保护范围,管理范围设有界桩(实地桩或电子桩)和公告牌,领取管理范围内土地不动产权证	—	单位负责人、技术人员
	水事巡查	依法开展工程管理范围和保护范围巡查,发现水事违法行为予以制止,并做好调查取证、及时上报、配合查处工作	全年	单位负责人、技术人员
	安全管理标牌	水闸上下游设立安全警示标志,具有通航功能的水闸设置助航标志;水闸公路桥两端设立限载、限速标志;对各类标牌及时维护	全年	技术人员
	涉河建设项目监管	依法对涉河建设项目开展巡查,做好现场监督管理工作,掌握项目建设进展情况,填写涉河建设项目监管相关报表,督促建设单位办理专项验收手续;发现涉河违法违规行为及时制止,并督促建设单位整改落实	项目实施及运行阶段	单位负责人、技术人员

(二)安全生产

水闸管理单位应参照水管单位安全生产标准化建设的相关要求,结合管理单位的实际情况,明确每个项目的具体内容、实施的时间、实施的频次以及相关的工作要求和成果等。安全生产任务清单见表2-10。

表 2-10　安全生产任务清单

任务名称	分项任务	工作内容	时间及频次	责任岗位
安全生产	目标职责	制定安全生产总目标(4~5年)、分解年度安全生产目标	每年初	单位负责人、技术人员
		全员签订安全生产责任状		
		制订安全生产费用使用计划		
		成立安全生产领导小组,根据人员变化及时调整,定期召开领导小组会议		
		制订年度安全文化建设计划,并开展安全文化活动	按年度计划	
	制度化管理	识别、获取、发放相关法律法规;及时修订规章制度	一季度	技术人员
	教育培训	制订安全教育培训计划	全年	
		人员教育培训、相关方及外来人员安全教育		
	现场管理	定期开展安全生产检查	每月	单位负责人、安全生产管理人员
		特种设备按规定建立技术档案	按规定时间	技术人员
		做好特种设备、电气设备的检验检测		
		做好设施设备检查维护及现场作业安全管理	及时	
		配备职业健康保护设施、工具和用品,并规范使用	适时	单位负责人
		设置相应的警示标志	适时	技术人员
	安全风险管控及隐患排查治理	安全风险辨识与控制	适时(动态)	单位负责人、技术人员
		安全风险评估	每季度1次	
		对重大危险源制订安全管理技术措施、应急预案,建立台账并上报	适时(动态)	
		隐患排查、治理,定期上报排查信息	及时	单位负责人、技术人员
		对风险进行分析、预测,及时预警		

续表 2-10

任务名称	分项任务	工作内容	时间及频次	责任岗位
安全生产	应急管理	定期开展应急演练	每年不少于1次	单位负责人
		发生突发事件时,根据预案要求,启动应急响应程序	及时	
		评估应急准备和应急处置	年底或汛前	
	事故查处	发生事故时,及时报告、处置	及时	单位负责人、技术人员
		定期通过信息系统上报	月底	
	持续改进	全面评价安全标准化信息管理体系运行情况,进行绩效评定	每年12月	
		根据评定结果进行整改	全年	

注:安全管理涉及的规章制度、操作规程修订完善,教育培训、工程设施管理,作业行为管理,预案修订、演练,防汛物资储备等分项任务参照相关任务清单。

(三)注册登记

水闸管理单位应按照《水闸注册登记管理办法》(水运管〔2019〕260 号)开展注册登记;登记信息应完整准确,水闸管理单位或管理单位的隶属关系发生变更的,或者由于安全鉴定、除险加固、改(扩)建、降等情况,导致水闸注册登记信息发生变化的,及时申请办理变更事项登记。注册登记任务清单见表 2-11。

表 2-11　注册登记任务清单

任务名称	分项任务	工作内容	时间	责任岗位
注册登记	申报	按照《水闸注册登记管理办法》(水运管〔2019〕260 号)要求填报申报信息	竣工验收3个月内	单位负责人、技术人员
	发证后打印	根据工程管理需要打印存档	适时	
	变更	申请办理变更事项登记	登记信息变化时	

(四)设备管理等级评定

结合水闸设施设备维护、检查检测情况,水闸管理单位应定期对闸门、拦污栅、启闭机等进行设备管理评级,填写评级表,组织专家开展现场评定,评定结果报上级主管部门认定。设备管理等级评定任务清单见表 2-12。

表 2-12　设备管理等级评定任务清单

任务名称	分项任务	工作内容	时间及频次	责任岗位
设备管理等级评定	准备工作	结合水闸检查检测、维护管理情况,分别按照评级单元和项目逐一进行自评	一般每 5 年开展 1 次,设备状况发生变化,及时进行评定	技术负责人、评级小组成员
	等级评定	组织专家对闸门、拦污栅和启闭机等逐级进行设备管理评定		
	成果认定	评定结果报上级主管部门认定		

(五)安全鉴定

安全鉴定范围主要包括水工建筑物、闸门、启闭机、电气设备、自动化系统等。管理单位应做好安全鉴定的计划、组织、成果运用等工作。安全鉴定任务清单见表 2-13。

表 2-13　安全鉴定任务清单

任务名称	分项任务	工作内容	时间及频次	责任岗位
安全鉴定	编制计划	根据工程现状,编制安全鉴定计划	首次安全鉴定应在竣工验收后 5 年内进行,以后应每隔 10 年进行一次全面安全鉴定。运行中遭遇超标准洪水、强烈地震、工程发生重大事故后,应及时进行安全检查,如出现影响安全的异常现象的,应及时进行安全鉴定。闸门等单项工程达到折旧年限,应按有关规定和规范适时进行单项安全鉴定	单位负责人、技术人员
	现状调查	收集工程技术资料,开展现场检查,编写现状调查分析报告		
	安全检测	委托有资质的检测单位开展专项检测,编制安全检测报告		
	安全复核	委托有资质的设计单位或经水利部认定的水利科研院(所)进行安全复核计算分析,编制安全复核报告		
	安全评价	委托有资质的设计单位或经水利部认定的水利科研院(所)进行安全评价,编制安全评价报告		
	成果审定	报送上级主管部门审查,填写安全鉴定报告书		
	成果运用	根据鉴定结论,开展除险加固、工程维修等		

(六)防汛管理

水闸管理单位应按照"安全第一、常备不懈、预防为主、全力抢险"的方针,采取防汛组织、汛前准备、汛期管理等水旱灾害防御工作,保障水闸汛期安全运用,充分发挥设计的功能。防汛管理任务清单见表 2-14。

表 2-14　防汛管理任务清单

任务名称	分项任务	工作内容	时间及频次	责任岗位
防汛管理	防汛组织	建立防汛责任制和防汛办事机构;落实管理单位水旱灾害防御专业队伍;建立防汛信息沟通联络机制	每年 3—4 月	单位负责人、技术人员
	汛前准备	开展汛前检查;编制防汛应急预案和险工险段抢险预案;准备防汛的各种基础资料、图表;落实防汛通信措施;汛前难以完成的除险加固、涉河建设项目等,编制安全度汛方案,报主管部门审核备案;配备防汛器材、物料和抢险工具、设备;按规定开展防汛仓库及物料管理	每年 3—4 月	
	汛期管理	关注水雨情;按规定巡堤查险,发现并报告险情	河道水位超过设防水位开展巡堤查险,超警戒水位加密检查频次	
		防汛值班和领导带班制度	每日	

(七)应急处置

水闸管理单位应充分发挥水利专业机动抢险队作用,及时处置水闸运行过程中的各类隐患或险情。险情发生后,应准确判断险情类别、性质,做到抢早抢小,把险情控制在萌芽状态。应急处置任务清单见表 2-15。

表 2-15　应急处置任务清单

任务名称	分项任务	工作内容	时间及频次	责任岗位
应急处置	闸门漏水险情	及时制订应急处置方案,并组织落实	应急情况发生时	单位负责人、技术人员
	闸门破坏险情	按"封堵洞口、截断流水"的原则制订应急处置方案,并组织落实		

续表 2-15

任务名称	分项任务	工作内容	时间及频次	责任岗位
应急处置	闸门门顶漫溢险情	及时制订应急处置方案,并组织落实	应急情况发生时	单位负责人、技术人员
	闸基渗水或管涌险情	按"上游截堵、下游导渗和蓄水平压,减小水位差"的原则制订应急处置方案,并组织落实		
	消能防冲工程破坏险情	及时制订应急处置方案,并组织落实		
	防洪墙倾覆险情	及时制订应急处置方案,并组织落实		

六、技术档案管理

水闸管理单位应建立技术档案管理制度,按照有关规定建立完整的技术档案,及时整理归档各类技术资料,档案设施齐全、清洁、完好。技术档案管理任务分为档案收集整理,档案归档,档案保管、借阅、销毁、移送,档案室设施管理及数字化档案等。技术档案管理任务清单见表 2-16。

表 2-16　技术档案管理任务清单

任务名称	分项任务	工作内容	时间及频次	责任岗位
技术档案管理	档案收集整理	水闸控制运用、检查观测、维修养护、技术图表等资料,音像资料同步收集、整理	同期收集、整理	技术人员
	档案归档	对当年的工程技术资料档案进行收集、整理、分类、装订编号、归档、保存	年底	
	档案保管、借阅、销毁、移送	按照档案管理制度要求进行	适时	
	档案室设施管理	档案库房配备防盗、防光、防潮等设施,配备温湿度计、消磁柜、除湿机和空调,做好库房内温湿度和借阅等记录	全年	
	数字化档案	档案录入及管理	全年	

七、制度建设

水闸管理单位应根据水闸设计文件、管理相关规定及工程实际,建立并及时修订技术管理细则、规章制度和操作规程等,主要包括岗位职责、控制运用、检查观测、维修养护、安全生产、防汛管理、档案管理等制度。制度管理任务清单见表2-17。

表 2-17 制度管理任务清单

任务名称	分项任务	工作内容	时间及频次	责任岗位
技术管理细则	编制细则	根据设计文件及相关管理规定,编制技术管理细则	工程接管后	单位负责人、技术人员
	审批印发	报上级主管部门审批、印发	编制完成后	
	修订完善	工程管理条件变化后及时组织修订完善、报批	管理条件发生变化后	
规章制度	制订印发	根据水闸管理任务和岗位的需要,制定相关制度	根据需要	单位负责人、技术人员
	修订完善	根据制度执行评价情况和管理条件变化情况,对有关制度进行修订完善	一般在汛前完成	
操作规程	引用或编制	根据运行条件及设备操作说明编制操作规程	汛前或设备更新时	技术人员、闸门运行工
	执行修订	严格执行操作规程,工程管理条件变化,及时组织修订完善	条件变化	

八、教育培训

水闸管理单位应制订年度教育培训计划,开展在岗人员专业技术和业务技能的学习与培训,每年对教育培训效果进行评估和总结。教育培训工作任务清单见表2-18。

表 2-18 教育培训工作任务清单

任务名称	分项任务	工作内容	时间及频次	责任岗位
教育培训	制订计划	制订印发年度培训计划	1月	单位负责人
	开展教育培训	开展闸门运行工、电工、安全生产、防汛抢险、水闸运行管理以及新技术、新知识等培训	按计划	水闸管理人员
	培训效果评估	对培训效果进行评估、总结,形成培训台账资料	培训后	技术人员

第三章　管理制度

　　构建推动水利高质量发展的工程运行标准化管理体系,需要建立健全刚性的制度体系。水闸管理制度一般包括技术管理细则、规章制度和操作规程等,内容和深度应满足工程管理需要,可操作性强。水闸管理单位要加强制度学习与执行,对制度执行的效果应进行评估、总结,当工程状况或管理要求发生变化时应及时修订完善。

第一节　技术管理细则

　　水闸技术管理细则是制度和职责的具体文本,水闸管理单位应结合实际情况对水闸技术管理规范做详细的解释和补充。技术管理细则主要包括总则、工程概况、控制运用、工程检查、工程观测、维修养护、安全管理、技术档案管理、其他工作等。

一、总则

　　总则主要明确细则制定的依据、工程管理的任务与职责、应遵守的水利工程管理考核与维修养护等方面的相关规定、应建立的各项管理制度和规程等。

二、工程概况

　　工程概况一般包括工程简介、工程建设与加固改造情况、工程作用、工程管理范围、设计水位组合及历史特征值等内容。

三、控制运用

　　控制运用包括一般要求、控制运用要求、闸门操作运用等。
　　(1)一般要求主要规定调度指令下达的部门及执行纪律、指令执行与上报、水闸操作运行记录留存等。
　　(2)控制运用要求主要规定设计和实际情况,工程控制运行管理应满足的要求以及控制运用基本程序等。
　　(3)闸门操作运用主要规定闸门启闭前的准备、人员配备、操作要求、台账记录等管理要求,对本工程闸门操作的重要环节、注意事项要重点说明。

四、工程检查

工程检查包括一般要求、日常检查、定期检查、专项检查、特别检查等内容。

（1）一般要求主要规定水闸检查的分类以及检查的内容、时间、记录等。

（2）日常检查主要规定日常检查的分类、频次、内容、应符合的要求等。

（3）定期检查主要规定汛前、汛后检查内容的侧重点、检查的要求、存在问题的处理及应急措施等。

（4）专项检查主要规定检查的时间、检查的内容、存在问题的处理及应急措施等。

（5）特别检查主要规定检查的依据，检查方式，检查侧重点，对发现问题的处理、修复方案和计划编报等。

五、工程观测

工程观测包括一般要求、观测项目、观测要求、观测资料整编与成果分析等内容。

（1）一般要求主要明确本工程观测的主要任务、观测人员要求、观测工作执行的标准等。

（2）观测项目一般包括水位、流量、垂直位移、扬压力、河床变形、伸缩缝观测等。

（3）观测要求主要明确观测设施布置、观测方法、观测时间、观测频次、测量精度、观测记录等应满足的要求。

（4）观测资料整编与成果分析主要明确观测资料整编的时间、观测分析报告编制与审查、观测记录及成果原件的归档要求等。

六、维修养护

维修养护包括一般要求，项目管理，土工建筑物维修养护，混凝土及砌石工程维修养护，闸门维修养护，启闭机维修养护，电气设备维修养护，通信及监测、监视设施维修养护，管护设施维修养护等内容。

（1）一般要求主要规定本工程的维修养护内容、维修养护的分类、维修养护应达到的要求等。

（2）项目管理主要规定工程维修养护计划的编制上报、经批准后组织实施与过程管理、项目资金与资料管理、完工验收等全过程管理要求。

（3）土工建筑物维修养护主要规定堤（坝）和堤岸及引河河道工程养护、维修应达到的要求。

（4）混凝土及砌石工程维修养护主要规定混凝土及砌石工程养护、维修应达到的要求。

（5）闸门维修养护主要规定闸门门叶、行走支承装置、吊耳、吊杆及锁定装置、闸门止水装置、闸门埋件、防腐蚀的养护和维修应达到的要求。

（6）启闭机维修养护主要规定启闭机维修养护应达到的基本要求、对相应型号启闭机养护和维修应达到的要求等。

（7）电气设备维修养护主要规定干式变压器、电动机、操作设备、启闭机控制系统、柴油发电机组、蓄电池、输电线路、防雷接地设施维修养护应达到的要求。

（8）通信及监测、监视设施维修养护主要规定通信设施，监测、监视系统硬件设施，监测、监视系统软件系统维修养护应达到的要求。

（9）管护设施维修养护主要规定控制室、启闭机房、道路、办公设施、生产设施、消防设施、生活及辅助设施、工程标牌（包括界桩、界牌、安全警示牌、宣传牌等）以及垂直位移、断面桩、测压管、伸缩缝等观测设施的养护与维修应达到的要求。

七、安全管理

安全管理包括一般要求、工程保护、安全生产、注册登记、设备管理等级评定、安全鉴定、防汛管理、应急处置等内容。

（1）一般要求主要规定根据国家法律、法规、技术标准，工程管理单位应履行的安全管理职能等。

（2）工程保护主要明确对管理范围内环境、工程设施的保护要求。

（3）安全生产主要规定安全生产管理机构建立及人员配备、安全生产责任制落实、安全生产教育培训开展、特种作业人员持证上岗、危险源辨识和隐患排查治理、操作与修试安全管理、安全设施管理等要求。

（4）注册登记主要规定水闸开展注册登记的相关要求。

（5）设备管理等级评定主要规定设备评级的周期、评级的方法、评级成果的审核认定及存在问题的处置等。

（6）安全鉴定主要规定水闸安全鉴定的周期、内容、程序、存在问题处理等要求。

（7）防汛管理主要规定防汛组织建立和落实、汛前准备、汛期管理等要求。

（8）应急处置主要规定水闸运行过程中常见的各类险情的应急处置措施、要求等。

八、技术档案管理

技术档案管理包括一般要求、档案收集、档案整理归档、档案验收移交、档案保管等内容。

（1）一般要求主要规定技术档案管理制度、人员配备、设施管理等要求。

（2）档案收集主要规定工程技术文件分类及档案收集的要求、收集的内容等。

（3）档案整理归档主要规定工程技术文件整理应达到的要求,工程技术文件组卷、案卷编目、案卷装订要求,档案目录及检索的要求等。

（4）档案验收移交主要规定档案验收、档案移交的要求。

（5）档案保管主要规定档案室要求、档案保管要求。

九、其他工作

其他工作主要包括工程管理考核、标准化管理、信息化管理、科学技术研究与职工教育、工程环境保护等。

第二节　规章制度

水闸管理相关规章制度主要包括控制运用制度、工程检查观测制度、维修养护项目管理制度、安全管理制度、技术档案管理制度、教育培训制度等方面。

一、编制原则

（1）管理单位应根据国家的法律法规、行业规范的要求,结合工程和单位实际,制定本单位的各项规章制度。

（2）管理单位应建立完整的规章制度体系,包括日常管理的各个方面,确保相关事项有章可循,同时注意制度之间的衔接配套。

（3）规章制度的制定包括起草、征求意见、会签、审核、签发和发布等流程。

（4）规章制度的条文应规定该项工作的内容、程序、方法,紧密结合工作实际,具有较强的针对性和可操作性。

（5）规章制度的执行应提供相应的佐证材料,并及时整理归档。

（6）当工程管理条件发生变化时,应及时修订完善相应的规章制度。

二、控制运用制度

(一)调度管理制度

（1）工程调度的主管部门、控制运用方案及相关的纪律要求。

（2）管理单位接到指令后,预警、指令执行等规定。

（3）调度指令记录、回复。

(二)自动化控制系统管理制度

（1）自动化控制系统的操作规定。

（2）自动化控制系统参数设置、软件的安装。

(3)自动化控制系统使用的纪律。

(4)网络安全隔离的规定。

(5)UPS、自动化控制系统、各传感器的维护。

(6)机房环境卫生管理。

三、工程检查观测制度

(一)工程检查制度

(1)工程检查的分类。

(2)日常检查周期、检查内容。

(3)汛前、汛后检查的内容、要求,报告的编写与上报。

(4)特别检查的时间、内容、要求,报告的编写与上报。

(二)工程观测制度

(1)工程观测设施分布情况。

(2)工程观测项目。

(3)各观测项目的观测时间、频次、质量标准。

(4)观测成果审核、分析和整理、上报。

(5)观测成果应用。

(6)观测活动的安全保障。

(7)观测成果资料整编、归档。

四、维修养护项目管理制度

(1)水闸工程及附属设施概况。

(2)水闸工程及附属设施主要养护、维修项目。

(3)维修养护项目的申报,方案编制。

(4)维修养护项目采购与合同管理。

(5)维修养护项目施工质量标准。

(6)维修养护施工过程安全管理。

(7)维修养护项目进度管理。

(8)维修养护项目结算及造价审计。

(9)维修养护项目阶段验收、合同完工验收规定。

(10)维修养护项目绩效评价的相关规定。

五、安全管理制度

(一)水政及河道管理制度

(1)水政巡查的范围、人员组织。

（2）巡查的频次、内容、记录等规定。

（3）水法规宣传的范围、内容。

（4）水法规学习培训、水政人员继续教育。

（5）发现违章管理问题的处置流程。

（6）涉河建设项目的审批前期服务、涉河建设方案许可、签订占用补偿等相关协议、施工方案审查、实施过程监管、督促问题整改、参与专项验收、运行过程监管等监督管理程序。

（7）水政巡查装备的管理。

（8）水政执法活动的安全保障。

（9）巡查记录、月报表和年度统计报表等。

（二）安全生产制度

（1）安全目标管理制度。

（2）安全生产委员会（领导小组）工作规则。

（3）安全生产责任制。

（4）安全生产投入管理制度。

（5）法律法规标准规范管理制度。

（6）安全教育培训管理制度。

（7）消防安全管理规定。

（8）交通安全管理制度。

（9）工伤保险管理制度。

（10）特种作业人员管理制度。

（11）劳动防护用品管理制度。

（12）安全设施管理制度。

（13）安全标志管理制度。

（14）社会治安综合治理目标管理与考核制度。

（15）安全生产预警预报和突发事件应急管理制度。

（16）临时用电管理制度。

（17）作业安全管理制度。

（18）作业安全变更管理制度。

（19）相关方安全管理制度。

（20）建设项目安全设施"三同时"管理制度。

（21）危险物品及重大危险源监控管理制度。

（22）生产安全事故隐患排查治理制度。

（23）职业健康管理制度。

（24）应急投入保障制度。

(25)安全生产考核奖惩管理办法。

(26)安全生产标准化管理制度。

(27)水利工程反恐怖工作制度。

(三)防汛工作制度

(1)建立防汛责任制和防汛办事机构。

(2)开展汛前、汛后检查。

(3)编制水旱灾害应急预案和险工险段抢险预案,并组织预案演练工作。

(4)汛期值班、交接班和领导带班制度。

(5)防汛调度指令的执行程序。

(6)防汛应急处置工作程序。

(7)防汛工作总结。

(四)运行值班和交接班管理制度

(1)汛期值班工作安排(含值班、带班)。

(2)非汛期值班工作安排(含法定节假日)。

(3)值班工作内容。

(4)交接班制度。

(5)值班巡查制度。

(6)值班记录制度。

(7)来电来访接待制度。

(五)防汛物资和器材使用管理制度

(1)物资种类、品名、数量、分布等情况。

(2)各种物资的存储要求。

(3)物资的登记、责任牌。

(4)物资的检查周期。

(5)物资的养护规定。

(6)库房的消防、用电及物资的运输等安全管理。

(7)物资的出、入库登记管理。

(8)物资管理台账等。

(六)事故处理报告制度

(1)事故应急处置原则。

(2)事故应急处理程序。

(3)事故预警预报。

(4)事故现场保护。

(5)事故的应急报告内容、程序及时间规定。

(6)事故原因调查。

(七)应急预案管理制度

(1)管理职责范围内可能出现的险情、风险分析和研判。

(2)应急预案的类别(综合预案、专项预案和现场处置方案)。

(3)各类预案编制、修订时间、程序。

(4)预案的格式、内容规定。

(5)预案演练的安排。

(6)预案执行的规定。

(7)相关资料台账等。

六、技术档案管理制度

(1)档案的分类相关规定。

(2)各类档案的归档范围。

(3)各类档案的保管期限。

(4)档案的收集、整理、归档。

(5)档案的保管、借阅和移交。

(6)档案的利用。

(7)档案库房的巡查及安全保障。

(8)档案设备设施管理维护。

(9)档案的保密规定。

七、教育培训制度

(1)培训需求的识别。

(2)培训计划的制订和审批。

(3)培训计划的执行。

(4)教育培训台账等。

第三节　操作规程

水闸操作规程一般包括闸门操作规程、配电设备操作规程、柴油发电机组操作规程等。

一、编制基本原则

(1)操作规程应以工程设计和操作实践为依据,确保技术指标、技术要求、操作方法的科学合理,成为人人遵守的操作行为指南。

(2)操作规程应保证操作步骤的完整、细致、准确、量化,有利于设施设备的可靠、安全运行,同时要注意各操作规程之间的衔接配合。

（3）操作规程应与优化运行、节能降耗、提高效率等相结合。

（4）操作规程应明确岗位操作人员的职责,做到分工明确、协同操作、配合密切。

（5）操作规程的制定包括规程起草、会签、审核、签发和发布等。

（6）操作规程应在实践中及时修订、补充和不断完善,在采用新技术、新工艺、新设备、新材料时必须及时,以补充规定的形式进行修改或全面修订。

二、闸门操作规程

（一）适用范围
本单位所管水闸工程的闸门启闭操作。

（二）主要内容
（1）启闭前的准备工作,设备操作对工作人员的要求。
（2）启闭前检查的主要内容及要求。
（3）闸门启闭顺序及启闭过程中的注意事项。
（4）启闭后应核对的内容。
（5）启闭记录等。

三、配电设备操作规程

（一）适用范围
本单位所管水闸工程的配电设备操作。

（二）主要内容
（1）配电设备操作对工作人员的要求。
（2）停送电操作步骤及应采取的安全保障措施。
（3）需要带电作业时,应做好安全技术措施及监护要求。
（4）启用柴油发电机组备用电源时的操作程序及要求。
（5）电气操作记录。

四、柴油发电机组操作规程

（一）适用范围
本单位所管水闸工程的柴油发电机组备用电源操作。

（二）主要内容
（1）启动发电机组前,检查的内容及其他准备工作。
（2）机组启动的步骤及要求。
（3）柴油机启动后,转速的调整及水温、油温的控制。

(4)空载运行正常后,变阻器调整及电压和频率的控制。

(5)送电的步骤和要求。

(6)机组运行过程中的安全措施及注意事项。

(7)停机的步骤及要求。

(8)机组长期不用时,每月空载试机 15 min,汛前、汛后带载试机 30 min,保证在系统电网停电 20 min 内启动发电,并且电压、周波、相序和输出功率达到额定值。

五、工程设备检修规程

(一)适用范围

本单位所管工程的闸门,启闭机,水泵,电机,供电(发电机等)、配电设备,巡查车船,电动葫芦等。

(二)主要内容

(1)工程设备概况。

(2)设备大修、中修、小修周期。

(3)设备检修的工作程序。

(4)检修技术方案的确定。

(5)设备检修的质量标准。

(6)设备缺陷备案制度。

(7)设备检修现场安全管理。

(8)设备试车及验收。

(9)设备检修资料。

(10)车船保险规定。

(11)设备管理台账制度等。

第四章　管理标准

按照水利部大中型水闸标准化基本要求和评价标准,水闸管理单位应根据水闸日常管理常规性工作和重点工作,结合现行水利工程管理规定,制定系统、统一、细化、量化的标准体系,以标准指导管理,以标准衡量管理,以标准规范管理,确保工程安全运行,促进水闸管理水平提档升级。

第一节　控制运用标准

水闸管理单位应根据水闸规划设计要求组织制定控制运用办法和闸门操作规程,需按计划供水的水闸,应按年度或分阶段制订用水计划,应制订年度或分阶段控制运用计划,报上级主管部门批准后执行。水闸控制运用应统筹兼顾兴利与除害、经济效益与社会效益及生态环境效益,综合考虑相关行业、部门的要求,与上游、下游和相邻有关工程密切配合运用。当水闸需要调整调度运用办法和控制指标时,应进行充分的分析论证,并报上级主管部门批准后执行。控制运用工作主要包括调度管理、运行操作、运行值班等。

一、调度管理标准

调度管理标准见表4-1。

表 4-1　调度管理标准

序号	标准内容
1	指令接受	水闸的控制运用应按批准的控制运用办法、计划、闸门操作规程和有管辖权的防汛指挥机构及上级主管部门的指令进行,不接受其他任何单位和个人的指令
2	指令执行	接到防汛指挥机构、上级主管部门的指令后,应详细记录、复核,根据指令内容、"闸门开度-水位-流量曲线",结合当时上下游水位情况,确定启闭方案,运行人员根据调度指令、方案进行闸门操作

续表 4-1

序号		标准内容
3	不同类型水闸调度	节制闸:根据河道来水情况和用水需要,适时调节上游水位及下泄流量;出现洪水时,及时排泄洪水;汛末根据预报、蓄水情况适时拦截洪峰尾水;当预报上游来水较大时,管理单位应根据上级指令,提前降低上游水位
4		分、进洪闸:当接近运用条件时,或接到分洪预通知后,及时做好开闸前的准备工作;接到分洪命令后,应按时开闸分洪;分洪严格按照闸门操作规程进行操作,严密监视消能防冲设施的安全;分洪过程中,做好巡视检查和观测工作,随时向上级主管部门报告工情和水情变化情况,根据指令及时调整水闸泄量
5		排(退)水闸:多雨季节应根据降水情况适时开闸排涝;当遇有强降雨时,应及时预降内河水位,减少内涝;汛期密切关注外河水位涨落情况,及时启闭闸门;蓄、滞洪区的退水闸,根据上级指令按时退水
6		引水闸:根据需水情况和水源条件,有计划地适时适量引水;引水时密切关注水质变化情况,当来水水质变差、可能形成污染时,应停止引水
7		设有通航孔的水闸:应以完成设计或上级主管部门规定的任务为主,兼顾通航;因防汛、抗旱等要求需要停止通航时,应经上级主管部门批准;开闸通航宜白天进行,通航时的水位差,应以保证通航和建筑物安全为原则;遇有大风、大雪、大雾、暴雨等天气时,应停止通航
8	指令回复	指令应详细记录、复核,执行完毕后及时上报

二、运行操作标准

运行操作标准见表4-2。

表 4-2　运行操作标准

序号		标准内容
1	运行准备	接到启闭指令后,操作人员应及时就位
2		检查上游、下游管理范围和安全警戒区内有无船只、漂浮物或其他施工作业,并进行妥善处理
3		检查门槽是否卡阻,门体是否倾斜;多次启闭的闸门,操作前应检查闸门的当前位置是否正确;检查启闭机和电气设备是否符合运转要求;确定现地控制或集中控制操作方式;检查供电是否正常,仪表和显示器的指示是否准确、显示是否正常;观察水位、流态,查对流量
4		通过警报或扩音器提前做好开闸预警工作
5	启闭操作	应由持有上岗证的闸门运行工或熟练掌握操作技能的技术人员按闸门操作规程启闭闸门
6		电动、手摇两用启闭机,手摇操作前,应先断开电源,操作结束后应立即取下摇柄,并断开离合器;卷扬式启闭机,闭门时不应松开制动器使闸门自由下落;有锁定装置的闸门,启闭前应先打开锁定装置,待操作完毕并锁定可靠后,进行下一孔操作;两台启闭机控制一扇闸门的,应严格保持同步;一台启闭机控制多扇闸门的,闸门开度应保持相同;闸门启闭如发现沉重、停滞、爬行、杂音等异常情况,应及时停车检查、处理;使用油压启闭机,当闸门开启到达预定位置,而压力仍然升高时,应立即将回油控制阀开大至极限位置;当闸门开启接近最大开度或关闭接近闸底时,应注意及时停车;遇有闸门关闭不严现象,应查明原因并进行处理;使用螺杆式启闭机的,不应强行顶压
7		过闸流量应与上、下游水位相适应,使水跃发生在消力池内;当初始开启闸门时,应采用较小开度,以后应采取分次开启方法,逐级提高闸门开度;每次开启后待闸下水位稳定方可再次增加开启高度
8		过闸水流应平稳,避免发生集中水流、折冲水流、回流、漩涡等不良流态;关闸或减少过闸流量时,应避免下游河道水位下降过快;开闸或关闸过程中,避免闸门停留在振动位置
9		多孔水闸闸门应按设计或运行操作规程进行启闭;没有专门规定的,应同时均匀启闭;不能同时启闭的,应由中间孔向两侧依次对称开启,由两侧向中间依次对称关闭;双层孔口或上、下扉布置的闸门,应先开启底层或下扉的闸门,再开启上层或上扉的闸门,关闭时顺序相反
10		涵洞式水闸的闸门操作运用,应避免洞内长时间处于明、满流交替状态
11		闸门开启后,应观察上、下游水位和流态,核对流量与闸门开度
12		闸门操作应有专门记录,并妥善保存;记录内容应包括:启闭依据,操作时间、人员,启闭过程及历时,上、下游水位,闸门开启高度,流态,操作前、后设备状况,操作过程中出现的不正常现象及采取的措施等

三、运行值班标准

运行值班标准见表4-3。

表 4-3　运行值班标准

序号		标准内容
1	运行值班人员管理	运行值班人员应熟练掌握设备操作规程和程序,具有事故应急处理能力及一般故障的排查能力
2		运行值班人员应严格遵守工作纪律,不得擅自离开工作岗位
3		运行值班人员应着劳动防护服,保持仪表整洁,认真值班,精心操作,不得做与值班无关的事
4	巡查检查	汛期及运行期实行 24 h 值班,密切注意水情,及时掌握水文、气象、洪水、旱情预报,严格执行调度指令,做好工程运行管理工作
5		加强对工程设施检查观测和运行情况巡查检查,随时掌握工程状况,发现问题及时上报并落实处理措施
6	交接班	水闸运行需要交接班的,在交班前 30 min,由当班人员按交班内容要求做好交班准备,接班人员提前 15 min 进入现场进行交接班
7		运行值班人员应认真填写运行、交接班等记录,交接时应重点将本班设备操作情况、发生的故障及处理情况交代清楚

第二节　工程检查标准

工程检查包括日常检查、定期检查、专项检查、特别检查等。水闸检查应按相关规定开展,并填写记录,及时整理检查资料,汛前、汛后检查报告应分别于 4 月上旬、10 月下旬报上级主管部门。

一、日常检查标准

日常检查标准见表4-4。

表 4-4　日常检查标准

序号		标准内容
1	日巡查	日巡查一般每日 1 次,在高水位、大流量运行时应增加巡查频次
2		主要检查工程设施完好情况;闸门位置是否正确、有无振动;供配电系统、电气设备和自动监控系统工作是否正常;过闸水流形态是否异常;闸区环境卫生状况、有无违章等其他异常现象;水闸管理范围内涉河建设项目建设或运行是否对水工程安全运行产生不利影响等问题

续表 4-4

序号		标准内容
3	周检查	工程建成 5 年内,每周检查不少于 2 次;5 年后每周检查不少于 1 次
4		汛期或开闸运行时,每天应至少检查 1 次,超设计标准运行时应增加检查频次
5		当水闸遭受不利因素影响时或非设计条件下运行时,应对容易发生问题的部位加强检查观察
6		除日巡查各项内容外,还应详细检查闸门封水、上下游漂浮物、机房封闭、启闭机变速箱密封、机体养护、电气设备、机房保洁以及自动监控系统工况等
7	问题处理	检查时应填写检查记录,遇有违章建筑和危害工程安全的活动应及时制止;工程运用出现异常情况,应及时采取措施进行处理,并及时上报

二、定期检查标准

定期检查标准见表 4-5。

表 4-5　定期检查标准

序号		标准内容
1	汛前检查	成立汛前检查工作小组,制订度汛准备工作计划,明确具体的任务内容、时间要求,落实到具体部门、具体人员
2		对闸门、启闭机、电气设备、自动化系统、土石方及混凝土工程等进行全面检查
3		汛前检查可结合汛前保养工作同时进行,同时着重检查维修项目和度汛应急项目完成情况
4		对汛前检查中发现的问题应及时进行处理,对影响工程安全度汛而一时又无法在汛前解决的问题,应制订好应急抢险方案
5		全面修订防汛抗旱应急预案、现场应急处置预案,同时建立完善抢险队伍,有针对性地开展预案演练培训
6		对水闸防汛图、表等基础资料进行收集整理,检查防汛物资、备品备件等
7		对汛前检查情况及存在问题进行总结,提出初步处理措施,形成报告,并报上级主管部门
8		接受上级汛前专项检查,按要求整改提高,及时向上级主管部门反馈

续表 4-5

序号		标准内容
9	汛后检查	着重检查工程和设备度汛后的变化和损坏情况
10		检查是否按期完成批准的维修养护、水毁等项目
11		对检查中发现的问题应及时组织人员修复或作为下一年度的维修项目上报

三、专项检查标准

专项检查标准见表 4-6。

表 4-6　专项检查标准

序号		标准内容
1	水下检查	一般每年 1 次,汛前或汛后进行;超过设计指标运用或行、蓄洪区水闸分洪后应及时进行水下检查,主要检查闸室底板、铺盖、消力池、伸缩缝等的完好情况
2	电气试验	定期对电气设备、安全用具等进行预防性试验,涉及特种设备检测和防雷接地专项检测的,应由具备资质的检测单位进行检测
3	成果资料	形成专题检查报告或检测报告

四、特别检查标准

特别检查标准见表 4-7。

表 4-7　特别检查标准

序号		标准内容
1	检查条件	当遭受地震、风暴潮、台风或其他自然灾害或超过设计水位运行后,发现较大隐患、异常或拟进行技术改造时,应进行特别检查,检查应由管理单位或上级主管部门组织专业人员进行
2	检查内容	特别检查内容应根据所遭受灾害或事故的特点来确定,着重检查建筑物、设备和设施的变化和损坏情况
3		特别检查应对重点部位进行专门检查、检测或安全鉴定
4	问题处理	对检查发现的问题应进行分析,编报维修加固方案
5	成果资料	形成专题检查报告

第三节　工程观测标准

水闸观测应保持观测工作的系统性和连续性,按照规定的项目、测次和时间在现场进行观测。应做到随观测、随记录、随计算、随校核、无缺测、无漏测、无不符合精度、无违时,测次固定和时间固定,人员和设备宜固定。委托外单位测量的,其资质应满足相关要求。水闸管理单位应在年底前完成本年度的资料整编工作,编写观测分析报告并报上级主管部门审查。工程观测标准见表4-8。

表 4-8　工程观测标准

序号		标准内容
1	水位观测	水闸上、下游水位一般每日8时观测1次,汛期或水位变化急剧时期,根据需要加密观测次数,满足水闸运行管理需要
2	垂直位移观测	大型水闸垂直位移观测应符合二等测量要求,中型水闸垂直位移观测应符合三等测量要求
3		新建工程竣工验收后两年内每月观测1次,加固工程完成后一年内每月观测1次,以后可适当减少。经资料分析已趋稳定后,可每年汛前、汛后各测1次;当发生地震或超过设计最高水位、最大水位差时,应增加测次。水准基点高程应每5年校测1次,起测基点高程应每年校测1次
4	扬压力观测	工程竣工放水后两年内应每5d观测1次,以后每10d观测1次。当接近设计最高水位、最大水头差或发现明显渗透异常时,应增加测次
5		分、进洪闸在无水时可不进行观测;水闸挡水后,每5d观测1次,超警戒水位后,每天观测1次
6		观测时必须同时观测上、下游水位,并应注意观测渗透的滞后现象,必要时还应同时进行过闸流量、垂直位移、气温等有关项目的观测;已实现自动观测的,可根据需要随时选取数据进行分析
7		测压管管口高程按三等水准测量的要求每年校测1次。测压管灵敏度检查可3~5年进行1次

续表 4-8

序号		标准内容
8	河床变形观测	上、下游河道冲刷或淤积较严重时,应在每年汛前、汛后各观测 1 次;当泄放大流量或超标准运用、冲刷尚未处理而运用较多时,应增加测次。冲刷、淤积变化较小的工程,应每年汛后观测 1 次;河道断面测量宜在闸门关闭或泄量较小时进行
9		观测范围一般从上、下游铺盖或消力池末端起分别向上、下游延伸 1~3 倍河宽的距离;对冲刷或淤积较严重的,可根据具体情况适当延长
10		观测断面间距应以能反映河床的冲刷、淤积变化为原则,靠近水闸宜密,离闸较远处可适当放宽。一般情况下水闸上、下游护坦以外 30 m 范围内每 5 m 布设一个断面;30~200 m 范围内每 25 m 布设一个断面;200 m 以外,每 50 m 布设一个断面;对冲刷、淤积变化较大的,可加密至每 5 m 布设一个断面
11		观测断面位置应在两岸设置固定观测断面桩(点)。测量前应对断面桩桩顶(点)高程按四等水准要求进行考证
12	伸缩缝观测	观测时间宜在气温较高和较低时进行,当出现历史最高水位、最大水头差、最高(低)气温或发现伸缩缝异常时,应增加测次。一般每年观测次数不少于 6 次;已实现自动观测的,可根据需要随时选取数据进行分析
13		观测标点宜设置在闸身两端边闸墩与岸墙之间、岸墙与翼墙之间建筑物顶部的伸缩缝上。当闸孔数较多时,在中间闸孔伸缩缝上应适当增设标点,观测时应同时观测上下游水位、气温。发现伸缩缝缝宽上、下差别较大时,还应配合进行垂直位移观测
14	施工期观测	工程施工期间的观测工作由施工单位负责,在交付管理单位管理后,由管理单位进行,双方应做好交接工作
15	资料整理与汇编	每次观测结束后,应及时对记录资料进行计算和整理,并对观测成果进行初步分析,如发现观测精度不符合要求,应重测;如发现数据异常,应立即进行复测并分析原因

第四节　维修养护标准

水闸工程维修养护应坚持"经常养护，及时维修，养修并重"，对检查发现的缺陷和问题，应随时进行保养和维修，以保证工程及设备处于良好状态。水闸工程的养护一般可结合汛前、汛后检查定期进行。设备清洁、润滑、调整等应视使用情况经常进行。水闸工程维修养护应以恢复原设计标准或局部改善工程原有结构为原则，根据检查和观测成果，结合工程特点、运用条件、技术水平、设备材料和经费承受能力等因素制订维修方案。维修养护主要包括项目管理、土工建筑物维修养护、混凝土及砌石工程维修养护、闸门维修养护、启闭机维修养护、电气设备维修养护、通信及监控设施维修养护、管护设施维修养护。本标准主要参考《水利水电工程启闭机制造安装及验收规范》(SL/T 381—2021)、《水工金属结构防腐蚀规范》(SL 105—2007)、《水闸施工规范》(SL 27—2014)、《水闸技术管理规范》(DB34/T 1742—2020)等制定。

一、项目管理标准

项目管理标准见表4-9。

表 4-9　项目管理标准

序号		标准内容
1	计划编报	工程维修养护计划应根据相关定额进行编制，每年5月底前编制完成下一年度预算计划。建立工程运行维护项目库，编写项目文本
2		年度预算计划经批准后，应及时组织实施，年度预算项目必须当年完成
3	实施准备	工程维修、加固、改造等单项工程，原则上应编报专项实施方案、预算书和图纸等资料。超过50万元的工程项目应附设计文件，涉及结构安全或专业性较强的项目应由相应资质单位编制设计文件，经省淮河局审批后方可实施
4		应按照政府采购和单位运行维护管理经费使用的有关规定，选择具有施工资质和能力的维修施工队伍，并加强项目管理
5	项目实施	项目实施过程中应随时跟踪项目进展，建立施工管理日志，用文字及图像记录工程施工过程发生的事件和形成的各种数据
6		养护项目如实反映主要材料、机械、用工及经费等的使用情况，做到专款专用，并及时填写项目实施情况记录表
7		材料及设备验收应具有材料各项检验资料、设备合格证、产品说明及图纸等随机资料

续表 4-9

序号		标准内容
8		各工序、工程隐蔽部分阶段验收,应在该工序或隐蔽部分施工结束时进行。分部工程验收应具备相应的施工资料,包括质量检验数据、施工记录、图纸、试验资料、照片等资料
9	项目验收	分项单项验收时应具备相应的维修实施情况记录、质量检查验收记录、施工过程照片、材料设备、工序、工程隐蔽部分或阶段验收资料,以及试运行的资料等
10		项目完工验收应具备相应的技术资料、验收总结及图纸、照片、完工结算、检测资料、审计报告等资料
11		50 万元以上(含 50 万元)的项目,由省淮河局负责组织验收,验收报告由省淮河局转报省水利厅备案
12	绩效评价	对预算到位情况、数量指标、质量指标、时效指标、成本指标、经济效益指标、社会效益指标、生态效益指标、可持续影响指标、满意度指标等进行自评价,填写绩效目标自评表

二、土工建筑物维修养护标准

土工建筑物维修养护主要包括堤(坝)和堤岸及引河河道工程养护、维修。

(一)土工建筑物养护标准

土工建筑物养护标准见表 4-10。

表 4-10　土工建筑物养护标准

序号		标准内容
1	堤(坝)	建筑物两侧堤(坝)、分流岛及道路应经常清理,对排水设施进行疏通;堤(坝)草皮经常控高养护
2		堤(坝)遭受白蚁、害兽危害时,应及时防治;蚁穴、洞穴可采用灌浆或开挖回填等方法处理
3	堤岸及引河河道	经常清理打捞水闸管理范围内近岸河面漂浮物,保持河面清洁

(二)土工建筑物维修标准

土工建筑物维修标准见表 4-11。

表 4-11　土工建筑物维修标准

序号		标准内容
1	堤(坝)	建筑物两侧堤(坝)、分流岛出现雨淋沟、浪窝、塌陷和岸墙、翼墙后填土区发生跌坑、沉陷时,应随时修补夯实
2		堤(坝)发生管涌、流土现象时,应按照"上截、下排"原则及时进行处理
3		堤(坝)发生裂缝时,应针对裂缝特征处理,干缩裂缝、冰冻裂缝和深度小于 0.5 m、宽度小于 5 mm 的纵向裂缝,一般可采取封闭缝口处理;表层裂缝,可采用开挖回填处理;非滑动性的内部深层裂缝,宜采用灌浆处理;当裂缝出现滑动迹象时,则严禁灌浆
4		堤(坝)出现滑坡迹象时,应针对产生原因按"上部减载、下部压重"和"迎水坡防渗、背水坡导渗"等原则进行处理
5		泥结碎石堤顶路面面层大面积破损应翻修面层;对垫层、基层均损坏的泥结碎石路面应全面翻修;沥青路面或混凝土路面大面积破损应全面翻修(包括垫层)
6	堤岸及引河河道	河床冲刷坑危及防冲槽或河坡稳定时,应立即抢护,一般可采用抛石、铺设土工膜袋或沉排等方法处理,不影响工程安全的冲刷坑,可不做处理
7		河床淤积影响工程效益时,应及时采用人工开挖、机械疏浚或利用泄水结合机具松土冲淤等方法清除

三、混凝土及砌石工程维修养护标准

(一)混凝土及砌石工程养护标准

混凝土及砌石工程养护标准见表 4-12。

表 4-12　混凝土及砌石工程养护标准

序号		标准内容
1	闸身	经常清理建筑物表面,保持清洁整齐,积水、积雪应及时排除;门槽、闸墩等处如有散落物、杂草或杂物、污垢等应予清除。闸门槽、底坎等部位淤积的砂石、杂物应及时清除
2		定期清除底板、消力池、门库范围内的石块和淤积物
3		及时修复建筑物局部破损的混凝土或砌石

续表 4-12

序号		标准内容
4	岸墙、翼墙、挡土墙	及时清理岸墙、翼墙和挡土墙上的排水孔以及空箱岸(翼)墙的进水孔、排水孔、通气孔,保持畅通
5		及时清理排水沟杂物,保持排水畅通
6	交通桥	定期清扫公路桥、工作桥和工作便桥桥面,保持桥面排水孔泄水畅通
7	反滤排水	反滤设施、减压井、导渗沟及消力池、护坦上的排水井(沟、孔)或翼墙、护坡上的排水管应保持畅通,如有堵塞、损坏,应予疏通、修复;反滤层淤塞或失效应重新补设排水井(沟、孔、管)
8	防冻措施	冰冻期间应采取防冻措施,防止建筑物及闸门受冰压力作用以及冰块的撞击而损坏;雨雪后应立即清除建筑物表面及其机械设备上的积雪、积水,防止冻结、冻坏建筑物和设备

(二)混凝土及砌石工程维修标准

混凝土及砌石工程维修标准见表 4-13。

表 4-13　混凝土及砌石工程维修标准

序号		标准内容
1	混凝土工程	水闸的混凝土结构严重受损,影响安全运用时,应拆除并修复损坏部分。在修复消力池底板、护坦等工程部位混凝土结构时,重新敷设垫层(或反滤层);在修复翼墙部位混凝土结构时,重新做好墙后回填、排水及其反滤体
2		混凝土结构承载力不足的,可采用增加断面、改变连接方式、粘贴钢板或碳纤维布等方法补强、加固
3		混凝土裂缝处理,应考虑裂缝所处的部位及环境,按裂缝深度、宽度及结构的工作性能,选择相应的修补材料和施工工艺,在低温季节裂缝开度较大时进行修补。渗(漏)水的裂缝,应先堵漏,再修补
4		混凝土渗水处理,可按混凝土缺陷性状和渗水量,采取相应的处理方法:混凝土淘空、蜂窝等形成的漏水通道,当水压力小于 0.1 MPa 时,可采用快速止水砂浆堵漏处理;当水压力大于 0.1 MPa 时,可采用灌浆处理;混凝土抗渗性能低,出现大面积渗水时,可在迎水面喷涂防渗材料或浇筑混凝土防渗面板进行处理;混凝土内部不密实或网状深层裂缝造成的散渗,可采用灌浆处理;混凝土渗水处理,也可采用经过技术论证的其他新材料、新工艺和新技术

续表 4-13

序号		标准内容
5	混凝土工程	修补混凝土冻融剥蚀,应先凿除损伤的混凝土,再回填满足抗冻要求的混凝土(砂浆)或聚合物混凝土(砂浆)。混凝土(砂浆)的抗冻等级、材料性能及配合比,应符合国家现行有关技术标准的规定
6		钢筋锈蚀引起的混凝土损害,应先凿除已破损的混凝土,处理锈蚀的钢筋,损害面积较小时,可回填高抗渗等级的混凝土(砂浆),并用防碳化、防氯离子和耐其他介质腐蚀的涂料保护,也可直接回填聚合物混凝土(砂浆);损害面积较大、施工作业面许可时,可采用喷射混凝土(砂浆),并用涂料封闭保护;回填各种混凝土(砂浆)前,应在基面上涂刷与修补材料相适应的基液或界面黏结剂;修补被氯离子侵蚀的混凝土时,应添加钢筋阻锈剂
7		混凝土空蚀修复,应首先清除造成空蚀的条件(如体形不当、不平整度超标及闸门运用不合理等),然后对空蚀部位采用高抗空蚀材料进行修补,如高强硅粉钢纤维混凝土(砂浆)、聚合物水泥混凝土(砂浆)等,对水下部位的空蚀,也可采用树脂混凝土(砂浆)进行修补
8		位于水下的闸底板、闸墩、岸墙、翼墙、铺盖、护坦、消力池等部位,如发生表层剥落、冲坑、裂缝、止水设施损坏,应根据水深、部位、面积大小、危害程度等不同情况,选用钢围堰、气压沉柜等设施进行修补,或由潜水人员采用特种混凝土进行水下修补
9		混凝土建筑物修补施工技术要求参考《水闸技术管理规程》(SL 75—2014)及相关规范
10		发生底部淘空、垫层散失等现象时,应参照《水闸施工规范》(SL 27—2014)中有关规定按原状修复。施工时应做好相邻区域的垫层、反滤、排水等设施
11	砌石工程	浆砌石工程墙身渗漏严重的,可采用灌浆、迎水面喷射混凝土(砂浆)或浇筑混凝土防渗墙、墙后导渗等措施。浆砌石墙基出现冒水冒沙现象,应立即采用墙后降低地下水位和墙前增设反滤设施等办法处理
12		水闸的防冲设施(防冲槽、海漫等)遭受冲刷破坏时,一般可加筑消能设施或采用抛石笼、柳石枕和抛石等方法处理

四、闸门维修养护标准

(一)闸门养护标准

闸门养护标准见表4-14。

表4-14　闸门养护标准

序号		标准内容
1	门叶	及时清理面板、梁系及支臂附着的水生物、泥沙和漂浮物等杂物,梁格、臂杆内无积水,保持清洁
2		及时紧固配齐松动或缺失的构件连接螺栓
3		闸门运行中发生振动时,应查找原因,采取措施消除或减轻
4	行走支承装置	定期清理行走支承装置,保持清洁
5		保持运转部位的加油设施完好、畅通,并定期加油。闸门滚轮、弧形门支铰等难以加油部位,应采取适当方法进行润滑,一般可采用高压油泵(枪)定期加油
6		及时拆卸清洗滚轮或支铰轴堵塞的油孔、油槽,并注油
7	吊耳及锁定装置	定期清理吊耳、吊杆及锁定装置
8		吊耳、吊杆及锁定装置的部件变形时,可矫正,但不应出现裂纹、开焊
9	止水装置	止水橡皮磨损、变形的,应及时调整达到要求的预压量
10		止水橡皮断裂的,可粘接修复
11		对止水橡皮的非摩擦面,可涂防老化涂料
12	埋件	定期清理门槽,保持清洁
13		闸门的预埋件应有暴露部位非滑动面的保护措施,保持与基体连接牢固、表面平整、定期冲洗。主轨的工作面应光滑平整并在同一垂直平面,其垂直平面度误差应符合设计规定
14	检修闸门	放置应整齐有序,并进行防腐保护,如局部破损或止水损坏,应进行维修
15	防腐	钢闸门使用过程中,应对表面涂膜(包括金属涂层、表面封闭涂层)进行定期检查,发现局部、少量锈斑、针状锈迹时,应及时补涂涂料

(二) 闸门维修标准

闸门维修标准见表 4-15。

表 4-15　闸门维修标准

序号		标准内容
1	门叶	闸门构件强度、刚度或蚀余厚度不足时应按设计要求补强或更换
2		闸门构件变形时应矫正或更换
3		门叶的一、二类焊缝开裂处理应先探查深度和范围,及时补焊或补强
4		门叶连接螺栓孔轻度腐蚀可扩孔,配相应的螺栓
5		闸门防冰冻构件损坏应修理或更换
6		滑块严重磨损时应更换
7		主轨道变形、断裂、磨损严重时应更换
8		轴和轴套出现裂纹、压陷、变形、磨损严重、轮轴与轴套间隙超过允许公差时应更换
9		轴销磨损、腐蚀量超过设计标准时应修补或更换
10		滚轮踏面磨损的可补焊,并达到设计圆度;滚轮、滑块夹槽、支铰发生裂纹的,应更换,确认不影响安全时可补焊,滚轮磨损严重或锈死不转时应更换
11	吊耳及锁定装置	吊耳、吊杆及锁定装置的轴销裂纹或磨损、腐蚀量大于原直径10%时应更换
12		吊耳及锁定装置的连接螺栓腐蚀,可除锈防腐,腐蚀严重的应更换
13		受力拉板或撑板腐蚀量大于原厚度10%时应更换
14	止水	止水橡皮严重磨损、变形或老化、失去弹性,门后水流散射或设计水头下渗漏量>0.2 L/(s·m)时应更换
15		潜孔闸门顶止水翻卷或撕裂,应查找原因,采取措施消除和修复
16		止水压板螺栓、螺母应齐全,压板局部变形时可矫正;严重变形或腐蚀时应更换
17		刚性止水在闭门状态应支承可靠、止水严密,挡板出现焊缝脱落现象时应予补焊,填料缺失时应填满符合原设计要求的环氧砂浆

续表 4-15

序号		标准内容
18	埋件	埋件破损面积大于 30%时应全部更换
19		埋件局部变形、脱落时应局部更换
20		止水座板出现蚀坑时,可涂刷树脂基材料或喷镀不锈钢材料整平
21	防腐	当涂层普遍出现剥落、鼓泡、龟裂、明显粉化等老化现象时应全部重做新的防腐涂层或封闭涂层,防腐处理应符合《水工金属结构防腐蚀规范》(SL 105—2007)的规定

五、启闭机维修养护标准

启闭机维修养护主要包括卷扬式启闭机养护、卷扬式启闭机维修、螺杆式启闭机维修养护、液压式启闭机养护、液压式启闭机维修。

(一)卷扬式启闭机养护标准

卷扬式启闭机养护标准见表 4-16。

表 4-16 卷扬式启闭机养护标准

序号		标准内容
1	设备铭牌、标志牌	启闭机各类铭牌固定完好、字迹清晰;字迹模糊的应及时更换
2		启闭机应编号清楚,设有转动方向指示标志、闸门升降方向标志
3		启闭机除传动部位的工作面外,宜每 5 年油漆保护一次;不同部位宜分别着色,一般转动部件着红色,变速箱着绿色,电动机及启闭机架着灰色
4	机体防护	启闭机下部的钢丝绳吊孔防尘装置宜采用透明材料封闭,应保持密封可靠、简洁美观,钢丝绳行走自如
5		启闭机机架(门架)、启闭机防护罩、机体表面应保持清洁,除传动部位的工作面外,应采取防腐蚀措施。防护罩应固定到位,防止齿轮等碰壳
6	润滑	注油设施(如油孔、油道、油槽、油杯等)应保持完好,油路应畅通,无阻塞现象。油封应密封良好,无漏油现象。一般根据工程启闭频率定期检查保养,清洗注油设施,并更换油封,换注新油
7		机械传动装置的转动部位应及时加注润滑油,应根据启闭机转速或说明书要求选用合适的润滑油脂;减速箱内油位应保持在上下限之间,油质应合格;油杯、油道内油量应充足,并经常在闸门启闭运行时旋转油杯,使轴承得以润滑

续表 4-16

序号		标准内容
8		启闭机的连接件应保持紧固,不得有松动现象
9	传动装置	开式齿轮及齿形联轴节应保持清洁,表面润滑良好,无损坏及锈蚀
10		应保持滑轮组润滑、清洁、转动灵活,滑轮内钢丝绳不得出现脱槽、卡槽现象;若钢丝绳卡阻、偏磨,应调整
11		钢丝绳应定期清洗保养,并涂抹防水油脂。钢丝绳两端固定部件应紧固、可靠;钢丝绳在闭门状态时不得过松
12	制动装置	制动装置应经常维护,适时调整,确保动作灵活、制动可靠;液压制动器及时补油,定期清洗、换油
13	开度指示	闸门开度指示器应定期校验,确保运转灵活,指示准确

(二) 卷扬式启闭机维修标准

卷扬式启闭机维修标准见表 4-17。

表 4-17　卷扬式启闭机维修标准

序号		标准内容
1	大修	应根据启闭机相关技术规程,结合启闭机运行情况和实际状况,确定大修周期,按时进行大修
2	机架	启闭机机架不得有明显变形、损伤或裂纹,底脚连接应牢固可靠。机架焊缝出现裂纹、脱焊、假焊时应补焊
3	传动装置	启闭机联轴节连接的两轴同轴度应符合规定。弹性联轴节内弹性圈如出现老化、破损现象,应予更换
4		滑动轴承的轴瓦、轴颈,出现划痕或拉毛时应修刮平滑。轴与轴瓦配合间隙超过规定时,应更换轴瓦。滚动轴承的滚子及其配件,出现损伤、变形或磨损严重时应更换
5		齿轮联轴器齿面、轴孔缺陷超过相关规定或出现裂纹时应更换
6		滑轮组轮缘裂纹、破伤以及滑轮槽磨损超过允许值时应更换
7		卷扬式启闭机卷筒及轴应定位准确、转动灵活,卷筒表面、幅板、轮缘、轮毂等不得有裂纹或明显损伤

续表 4-17

序号		标准内容
8	传动装置	钢丝绳达到《起重机　钢丝绳　保养、维护、检验和报废》(GB/T 5972—2016)规定的报废标准时,应予更换;更换的钢丝绳规格应符合设计要求,应有出厂质保资料。更换钢丝绳时,缠绕在卷筒上的预绕圈数应符合设计要求,无规定时,应大于 4 圈,其中 2 圈为固定用,另外 2 圈为安全圈
9		钢丝绳在卷筒上应排列整齐,不咬边、不偏档、不爬绳;卷筒上固定应牢固,压板、螺栓应齐全,压板、夹头的数量及距离应符合《钢丝绳用压板》(GB/T 5975—2006)的规定
10		双吊点闸门钢丝绳应保持双吊点在同一水平,防止闸门倾斜;一台启闭机控制多孔闸门时,应使每一孔闸门在开启时保持同高
11		发现钢丝绳绳套内浇注块粉化、松动时,应立即重浇
12		弧形闸门钢丝绳与面板连接的铰链应转动灵活
13	制动装置	制动装置制动轮、闸瓦表面不得有油污、油漆、水分等;闸瓦退距和电磁铁行程调整后,应符合《水利水电工程启闭机制造安装及验收规范》(SL/T 381—2021)的有关规定;制动轮出现裂纹、砂眼等缺陷时应进行整修或更换;制动带磨损严重时应予更换。制动带的铆钉或螺钉断裂、脱落时应立即更换补齐;主弹簧变形、失去弹性时应予更换

(三)螺杆式启闭机维修养护标准

螺杆式启闭机维修养护标准见表 4-18。

表 4-18　螺杆式启闭机维修养护标准

序号		标准内容
1	设备铭牌、标识牌	各类铭牌固定完好、字迹清晰;字迹模糊的应及时更换
2	大修	结合启闭机运行情况和实际状况,确定大修周期,按时进行大修
3	润滑保护	定期清理螺杆,并涂抹油脂润滑保护
4	承重装置	螺杆的直线度超过允许值时,应矫正调直并检修推力轴承;修复螺杆螺纹擦伤,及时更换厚度磨损超限的螺杆
5		承重螺母、盆形齿轮、伞形齿轮出现裂纹、断齿或螺纹齿宽磨损量超过允许值时应予更换
6		及时更换保持架变形、滚道磨损点蚀、滚体磨损的推力轴承
7		螺杆与吊耳的连接应牢固可靠
8	限位装置	定期校验安全限位开关的限位行程和闸门启闭位置指示行程是否一致

(四) 液压式启闭机养护标准

液压式启闭机养护标准见表 4-19。

表 4-19　液压式启闭机养护标准

序号		标准内容
1	设备铭牌、标志牌	各类铭牌固定完好、字迹清晰,字迹模糊的应及时更换
2		启闭机应编号清楚,设有转动方向指示标志、闸门升降方向标志
3		液压机压力油管应涂刷或标示红色,回油管涂黄色,闸阀涂黑色,手柄涂红色,并标明液压油流向
4	固定防护	油缸支架与基体连接应牢固,活塞杆外露部位可设软防尘装置
5	检验调试	调控装置及指示仪表应定期检验
6		运行频次较少的启闭机定期进行试运行
7	防渗漏	油泵、油管系统应无渗油现象
8	液压油	工作油液应定期化验、过滤,油质应符合规定
9		经常检查油箱油位,保持在允许范围内;吸油管和回油管口保持在油面以下

(五) 液压式启闭机维修标准

液压式启闭机维修标准见表 4-20。

表 4-20　液压式启闭机维修标准

序号		标准内容
1	大修	应根据启闭机相关技术规程,结合启闭机运行情况和实际状况,确定大修周期,按时进行大修
2	执行元件	液压式启闭机的活塞环、油封出现断裂、失去弹性、变形或磨损严重的,应予更换
3		油缸内壁及活塞杆出现轻微锈蚀、划痕、毛刺的,应磨刮平滑。油缸和活塞杆有单面压磨痕迹时,分析原因后,予以处理
4	管路	液压管路出现焊缝脱落、管壁裂纹的,应及时修理或更换。修理前应先将管道内油液排净,才能进行施焊。严禁在未拆卸管件的管路上补焊。管路需要更换时,应与原设计规格相一致

续表 4-20

序号		标准内容
5	附件	更换失效的空气干燥器、液压油过滤器部件
6		液压系统有滴、冒、漏现象时,应及时修理或更换密封件
7		贮油箱焊缝漏油需要补焊时,可参照管路补焊的有关规定进行处理。补焊后应做注水渗漏试验,要求保持 12 h 无渗漏现象
8	耐压试验	油缸检修组装后,应按设计要求做耐压试验。如无规定,则按工作压力试压 10 min。活塞沉降量不应大于 0.5 mm,上下端盖法兰不应漏油,缸壁不应有渗油现象
9		管路上使用的闸阀、弯头、三通等零件壁身有裂纹、砂眼或漏油时,均应更换新件。更换前,应单独做耐压试验。工作压力小于 16 MPa 时,试验压力为工作压力的 1.5 倍;工作压力大于 16 MPa,试验压力为工作压力的 1.25 倍,保持 10 min 以上无渗漏时,才能使用
10		当管路漏油缺陷排除后,应按设计规定做耐压试验。如无规定,试验压力为工作压力的 1.25 倍,保持 30 min 无渗漏,才能投入运用
11	试运行	油泵检修后,应将油泵溢流阀全部打开,连续空转大于 30 min,不得有异常现象。空转正常后,在监视压力表的同时,将溢流阀逐渐旋紧,使管路系统充油(充油时应排除空气)。管路充满油后,调整油泵溢流阀,使油泵在工作压力的 25%、50%、75%、100% 的情况下分别连续运转 15 min,应无振动、杂音和温升过高现象
12		空转试验完毕后,调整油泵溢流阀,使其压力达到工作压力的 1.1 倍时动作排油,此时应无剧烈振动和杂音

六、电气设备维修养护标准

电气设备维修养护主要包括油浸式变压器维修养护、干式变压器维修养护、电动机维修养护、操作设备维修养护、启闭机控制系统维修养护、柴油发电机组维修养护、蓄电池维修养护、输电线路维修养护、防雷接地设施维修养护。

(一)油浸式变压器维修养护标准

油浸式变压器维修养护标准见表 4-21。

表 4-21　油浸式变压器维修养护标准

序号		标准内容
1	变压器油	定期检测变压器油油质、油位,更换不符合标准的变压器油
2	零部件	定期检查放油阀和密封垫是否完好,修复或更换损坏的零部件
3	引出线	检查引出线接头是否紧固,更换损坏的零部件
4	接地	定期检查变压器接地装置是否完好,螺栓是否松动
5	呼吸器	更换变色的吸湿剂
6	防爆管	更换有缺损的防爆管薄膜

(二)干式变压器维修养护标准

干式变压器维修养护标准见表 4-22。

表 4-22　干式变压器维修养护标准

序号		标准内容
1	通风散热系统	通风散热系统应保持清洁无灰尘
2	引出线	定期检查引出线接头是否紧固,螺栓是否松动,引线是否正常,绝缘是否良好
3	接地	定期检查变压器接地装置是否完好,螺栓是否松动
4	测保装置	定期对各种保护装置、测量装置及操作控制箱进行检修、维护
5	零部件	修复或更换损坏的零部件

(三)电动机维修养护标准

电动机维修养护标准见表 4-23。

表 4-23　电动机维修养护标准

序号		标准内容
1	外壳	电动机的外壳应保持无尘、无污、无锈
2	零部件	接线盒应防潮,压线螺栓应紧固,损坏应更换;接线盒内杂物应及时清理
3	电机本体	轴承内的润滑脂应保持填满空腔内 1/3~1/2,油质合格;定子与转子间的间隙应保持均匀,轴承如有松动、磨损,应及时更换
4		绕组的绝缘电阻值应定期检测,电阻值小于 0.5 MΩ 时,应进行干燥处理。如绕组绝缘老化,应视老化程度采用浸绝缘漆、干燥或更换绕组

（四）操作设备维修养护标准

操作设备维修养护标准见表 4-24。

表 4-24 操作设备维修养护标准

序号		标准内容
1	接线	检查接线是否牢固、标识是否明显,发现问题及时修理
2	柜体	动力柜、照明柜、启闭机操作箱、检修电源箱等应定期清洁,保持箱内整洁,设在露天的操作箱、电源箱应防雨、防潮;所有电气设备金属外壳均有明接地,并定期检测接地电阻值,如接地电阻大于 4 Ω,应增设补充接地极
3	开关	各种开关、继电保护装置应保持干净、触点良好、接头牢固,如发现接触不良,应及时维修,如老化、动作失灵,应予更换;热继电器整定值应符合规定;电机保护开关的整定电流应为电机额定电流的 1.1 倍;空气断路器选型是根据被保护设备的容量及类型选择的,断路器跳闸后应检查跳闸原因,严禁修改断路器整定值或更换与原设备型号不一致的断路器
4	测保装置	各类仪表(电流表、电压表、智能电表等)每年应按规定检验,保证指示正确灵敏,如发现失灵,应及时检修或更换;开度仪表每年汛前应与闸门实际开度校验,卷扬式启闭机闸门开度与实际值误差最大不超过 3 cm,螺杆式启闭机闸门开度与实际值误差最大不超过 1 cm;自动观测水位应经常与水尺人工观测校核,发现问题及时处理
5		主令控制器及限位开关装置应经常检查、保养和校核,确保限位准确可靠;上、下限位装置应分别与闸门最高、最低位置一致;上、下扉闸门的联动装置应确保可靠、动作灵活
6		汛前和雷雨天气后,应检查现地控制柜内防雷器(一般为交流进线防雷器、直流电源防雷器、信号防雷器),发现问题及时更换

（五）启闭机控制系统维修养护标准

启闭机控制系统维修养护标准见表 4-25。

表 4-25　启闭机控制系统维修养护标准

序号		标准内容
1	控制功能	经常检查现地控制柜的手动操作功能和触摸屏操作功能是否正常,发现问题及时处理
2	接地母线	修复、更新锈蚀或损坏的接地母线
3	开度及荷重装置	修复、更新出现故障或损坏的闸门开度及荷重装置
4	接触器	更换不符合要求的接触器
5	闭锁装置	检查电气闭锁装置动作是否灵敏、可靠,能否自动切断主回路电源,及时修复故障缺陷或更换零部件

(六)柴油发电机组维修养护标准

柴油发电机组维修养护标准见表 4-26。

表 4-26　柴油发电机组维修养护标准

序号		标准内容
1	柴油机	柴油机机体表面保持清洁,无积尘、油迹、锈迹;机架固定可靠,机架及电气设备有可靠接地;油路、水路连接可靠通畅,无渗漏现象;冷却水位、散热器水位、各部位油位正常,油质合格
2	发电机	及时修复有卡阻的发电机转子、风扇与机罩间隙
3		擦拭干净集电环换向器,及时调整电刷压力
4	控制屏	检查机旁控制屏元件和仪表安装是否紧固,更换损坏的熔断器
5		更换动作不灵活、接触不良的机旁控制屏的各种开关
6	绝缘	检查绝缘电阻是否符合要求,更换不符合要求的部件
7	防冻	做好柴油发电机组冬季保暖和防冻措施
8	试车运行	每月空载试机 15 min,汛前、汛后带载试机 30 min,保证在系统电网停电 20 min 内启动发电,并且电压、周波、相序和输出功率达到额定值

(七)蓄电池维修养护标准

蓄电池维修养护标准见表 4-27。

表 4-27　蓄电池维修养护标准

序号		标准内容
1	外观	蓄电池应完整,无破损、漏液、变形,极板无硫化、弯曲、短路等现象
2	接线	检查连接部位是否牢固、端子表面是否清洁、接触是否良好
3	排气孔	检查排气孔有无堵塞,冬季应防止被冰水封住,使用时应防止电池内压增高而发生壳体爆裂事故
4	电解液	蓄电池在使用期间的电解液密度、液面高度和温度应正常
5	充放电	检查蓄电池是否保持荷电饱满状态,应定期补充电

(八)输电线路维修养护标准

输电线路维修养护标准见表 4-28。

表 4-28　输电线路维修养护标准

序号		标准内容
1	保护	各种电气设备应防止发生漏电、短路、断路、虚连等现象,线路故障应及时检测、维修;绝缘不符合规定要求、老化的低压供(配)电线路应及时更换
2	接头	线路接头应连接良好,并注意防止铜铝接头锈蚀
3	架空线	架空线路与树木之间的净空距离应符合规定要求,经常巡视架空线路,清除线路障碍物
4	绝缘	定期测量导线绝缘电阻值,一次回路、二次回路及导线间的绝缘电阻值都不应小于 0.5 MΩ
5	电缆沟、电缆架	应及时修复损坏的电缆沟及电缆架

(九)防雷接地设施维修养护标准

防雷接地设施维修养护标准见表 4-29。

表 4-29　防雷接地设施维修养护标准

序号		标准内容
1	接地要求	接地电阻>10 Ω 时,应补充或完善接地极
2		及时修补局部破损的防雷接地器支架的防腐涂层
3		避雷针(线、带)及地下线的腐蚀量大于截面的 30%时,应更换
4		导电部件的焊接点或螺栓接头如脱焊、松动应予补焊或旋紧
5	校验、检测等	电器设备的防雷设施应按供电部门的有关规定进行定期校验
6		防雷设施的构架上,严禁架设低压线、广播线及通信线
7		建筑物防雷设施每年应在雷雨季前委托有资质的单位进行检测
8		避雷器不满足要求的应及时更换

七、通信及监控设施维修养护标准

通信及监控设施维修养护主要包括通信设施维修养护、监控系统硬件设施维修养护、监控系统软件维修养护。

(一)通信设施维修养护标准

通信设施维修养护标准见表 4-30。

表 4-30　通信设施维修养护标准

序号		标准内容
1	通信设备	及时修理、更新故障或损坏(如雷击)的通信设备及设施
2	辅助设施	及时修复、更新故障或损坏的电源等辅助设施
3	通信专用塔(架)	及时修复防腐涂层脱落、接地系统损坏的通信专用塔(架)

(二)监控系统硬件设施维修养护标准

监控系统硬件设施维修养护标准见表 4-31。

表 4-31　监控系统硬件设施维修养护标准

序号		标准内容
1	视频监视系统	经常检查摄像机显示是否正常、硬盘录像机是否完整保存视频录像(保存时间不少于 3 个月)、视频服务器运行状态是否完好,发现问题及时处理

续表 4-31

序号		标准内容
2	网络	经常检查网络(视频网络和工业网络)、网络安全设备(专网防火墙、工业防火墙和工业网闸等)及管理区域内光缆是否正常,发现异常及时处理
3	计算机监控系统	经常对控制室(监视中心)及机房的视频系统、计算机、网络等系统硬件进行检查维护和清洁除尘,及时修复故障,更换零部件
4		经常检查大型水闸室内 LCU 柜声光报警器及室外告警广播系统、中小型水闸室内 LCU 柜报警显示及室外声光报警器、控制室操作员站(工程师站)的语音报警系统等是否正常,发现异常及时处理
5		经常检查扬压力、测缝传感器和采集控制器 MCU 是否正常,发现异常及时处理
6		经常检查显示系统(液晶显示器、LED 显示屏、拼接屏及投屏设备等)运行是否正常,发现问题及时处理
7		经常检查 UPS(不间断电源)工作状态并测试后备电池供电,发现问题及时处理
8		定期检查机房接地阻值,单独接地阻值应小于 4 Ω,与建筑防雷共用接地阻值应小于 1 Ω

(三)监控系统软件维修养护标准

监控系统软件维修养护标准见表 4-32。

表 4-32　监控系统软件维修养护标准

序号		标准内容
1	操作权限	应制定计算机控制操作规程并严格执行,明确管理权限
2	安全管理	加强对计算机和网络的安全管理,配备必要的防火墙,监控设施应采用专用网络
3	备份	经常对系统软件和数据库进行备份,对技术文档妥善保管
4		有管理权限的人员对软件进行修改或设置时,修改或设置前后的软件应分别进行备份,并做好修改记录
5	记录	对运行中出现的问题详细记录,并通知开发人员解决和维护
6		及时统计并上报有关报表

八、管护设施维修养护标准

水闸各类管护设施应位置适宜、结构完整。发现损坏与丢失,应及时修复或补设;各种设备、工器具,应按其操作规程正确使用,定期检查和维护,发现故障及时维修。

(一)观测设施维修养护标准

观测设施维修养护标准见表 4-33。

表 4-33　观测设施维修养护标准

序号		标准内容
1	观测设施维修养护	观测仪器、设备应完好,专人管理,并按规定进行检测
2		工作基点、测点、测压管等观测设施无缺损、锈迹,保护设施完好,标牌清晰美观,表面清洁,测压管管口保护措施可靠
3		涵闸水位标尺安装牢固,水尺、特征水位线数字清晰,定期校验
4		观测设施应经常检查维护,发生变形或损坏,应及时修复、校测

(二)管理用房、生产与生活设施维修养护标准

管理用房、生产与生活设施维修养护标准见表 4-34。

表 4-34　管理用房、生产与生活设施维修养护标准

序号		标准内容
1	管理用房、生产与生活设施维修养护	管理用房、生产与生活设施完善,管理有序;应满足安全、环保、卫生、节能、节水、防火要求和使用功能
2		架空的输电、通信线路应整齐,输电、通信线路入地及管网布设应符合规划要求并设立标志
3		管理单位庭院整洁,环境优美,绿化程度高
4		办公区、生活区道路通畅,路面整洁、无损坏

(三)防汛物料管理维修养护标准

防汛物料管理维修养护标准见表 4-35。

表 4-35　防汛物料管理维修养护标准

序号		标准内容
1	防汛物料管理	仓库、物料分布合理,有专人管理,管理规范
2		防汛物料存放位置适宜,码放整齐,取用方便,有防护措施、管理标牌
3		防汛物资质量符合要求,器材性能可靠,无霉变、丢失,账物相符
4		易燃、易爆、腐蚀性材料应另辟库房单独存放,妥善保管
5		经常检查、定期维护保养,及时报废超储备年限物资
6		有防汛物资储备分布图、调运图
7	库房、料池维修养护	库房干净整洁,有防火、防盗措施,满足物资储备要求;料池外墙干净整洁,定期维护

(四)标志标牌设置参考标准

水闸工程标志标牌分为工程管理、水行政管理、安全生产、其他 4 类。标志标牌设置类型、规格、材质、数量应满足实际管理需要。工程管理类标志标牌可参照《安徽省淮河局水利工程标志标牌内部标准》。

1. 工程管理类标志标牌

水闸工程管理单位应布设工程简介牌、防汛物资明示牌等,安装位置、标注主要内容参考标准见表 4-36。

表 4-36　工程管理类标志标牌设置参考标准

名称	安装位置	标注主要内容	材质	尺寸/mm
工程简介牌	水闸管理区合适位置	工程位置图、工程情况介绍等	铝板裱反光膜刻字	面板宽 3 000,高 2 000;地面至板面下边缘立柱高度 1 900
防汛物资明示牌	防汛物料池旁醒目位置	防汛物料种类、数量、管护责任主体等		面板宽 2 000,高 1 300

2. 水行政管理类标志标牌

水闸工程管理单位应布设水法规宣传牌,水行政管理类宣传牌安装位置、标注主要内容等见表 4-37。

表 4-37　水行政管理类标志标牌设置参考标准

名称	安装位置	标注主要内容	材质	尺寸/mm
水法规宣传牌	水闸管理区、人员集散处	《中华人民共和国水法》《中华人民共和国防洪法》《中华人民共和国河道管理条例》《安徽省水利工程管理和保护条例》《安徽省实施〈中华人民共和国河道管理条例〉办法》等水法规摘选	铝板裱反光膜刻字	面板宽 1 200,高 2 000;面板下边缘与地面高度 1 900
水闸保护警示牌	水闸管理范围内、人员集散处	禁止取土、打井、放牧、埋葬、打场晒粮、集市贸易、乱伐树木等		

3. 安全生产类标志标牌

水闸工程管理单位根据水闸工程实体、维修养护现场、管理行为等危险源编制及安全风险分析结果,依据《安全标志及其使用导则》(GB 2894—2008),应设置禁止标志、警告标志、指令标志、提示标志及自行设计安全标志标牌。

常用的禁止标志有禁止吸烟、禁止烟火、禁止靠近、禁止入内、禁止游泳等。禁止标志设置参考标准见表 4-38。

表 4-38　禁止标志设置参考标准

场所	存在危险隐患,需要禁止某些不安全行为的地方
图形	禁止标志的几何图形是带斜杠的圆环,其中圆环与斜杠相连,用红色;图形符号用黑色,背景用白色
标准	1. 制作长方形标志牌,明确禁止内容及图案; 2. 禁止性标志牌应悬挂或张贴在进入该区域前可以正视的地方; 3. 样式:执行《安全标志及其使用导则》(GB 2894—2008); 4. 规格:一般为高 400 mm×宽 300 mm; 5. 材料:坚固耐用的材料制作,如 PVC、铝材、塑料贴纸或纸质彩色打印塑封,有触电危险的作业场所,应使用绝缘材料

常用的警告标志有当心火灾、注意安全、当心触电、当心塌方、当心滑倒、当心落水。警告标志设置参考标准见表 4-39。

表4-39　警告标志设置参考标准

场所	存在危险隐患,需要提出警告的地方
图形	警告标志的几何图形是黑色三角形、黑色符号和黄色背景
标准	1. 制作长方形标志牌,明确警告性内容及图案; 2. 警告性标志牌应悬挂或张贴在显眼的地方; 3. 样式:执行《安全标志及其使用导则》(GB 2894—2008); 4. 规格:一般为高400 mm×宽300 mm; 5. 材料:坚固耐用的材料制作,如PVC、铝材、塑料贴纸或纸质彩色打印塑封; 有触电危险的作业场所,应使用绝缘材料

常用的指令标志有必须戴安全帽、必须戴护耳器、必须穿救生衣、必须接地、必须拔出插头等。指令标志设置参考标准见表4-40。

表4-40　指令标志设置参考标准

场所	存在危险隐患,需要指示人们必须做出某种动作或采取防范措施的地方
图形	指令标志的几何图形是圆形,蓝色背景,白色图形符号
标准	1. 制作长方形标志牌,明确指令性内容及图案; 2. 在必须穿着或设置保护用品的地方悬挂相应的指令性标志; 3. 样式:执行《安全标志及其使用导则》(GB 2894—2008); 4. 规格:一般为高400 mm×宽300 mm; 5. 材料:坚固耐用的材料制作,如PVC、铝材、塑料贴纸或纸质彩色打印塑封; 有触电危险的作业场所,应使用绝缘材料

常用的提示标志有紧急出口等。提示标志设置参考标准见表4-41。

表4-41　提示标志设置参考标准

场所	需要向人们提供某种信息(如标明安全设施或场所等)的地方
图形	提示标志的几何图形是正方形,绿色背景,白色图形符号
标准	1. 制作长方形标志牌,明确提示内容及图案; 2. 在安全设施、安全场所、安全通道等处设置; 3. 样式:执行《安全标志及其使用导则》(GB 2894—2008); 4. 规格:一般为高400 mm×宽300 mm,带有方向辅助标志、文字辅助标志且观察距离较近时,尺寸可缩小; 5. 材料:坚固耐用的材料制作,如PVC、铝材、塑料贴纸或纸质彩色打印塑封

水闸管理单位还可针对实际情况,参照其他有关标准,自行设计制作入口安全告知牌、重大危险源告知牌、职业危害告知牌等,设置样式和材质应根据现场情况

因地制宜,制作美观大方。

4.其他类

节水宣传、环境卫生宣传牌以及工程管理区内指示标志、功能间标志牌,根据实际需要设置。

(五) 水闸技术图表明示位置

水闸技术图表应结合水闸工程结构及管理区实际情况布置明示,水闸主要技术图表明示位置见表4-42。

表 4-42　水闸主要技术图表明示位置

图表名称	场所						
	桥头堡	启闭机房	控制室	高压开关室	低压开关室	发电机房	检修间
工程平、立、剖面图	√	√					
工程主要参数表	√	√					
电气主接线图				√	√		
启闭机控制原理图		√					
水位流量关系曲线			√				
巡视检查线路图	√	√	√	√	√	√	
危险源风险告知牌	√	√	√	√	√	√	√

第五节　安全管理标准

水闸管理单位应加强对水闸管理范围内水事活动的监督检查和建设项目的监督管理,及时制止并依法查处侵占、破坏工程设施的行为,加强工程设施保护,维护正常的工程管理秩序,确保水闸安全运行;学习贯彻《中华人民共和国安全生产法》等有关法律法规,设立安全生产管理机构,建立安全生产网络,落实安全工作经费,按照"安全第一、预防为主、综合治理"的方针,全面开展安全生产工作;定期开展水闸安全鉴定和设备管理等级评定。安全管理包括工程保护、安全生产、注册登记、设备管理等级评定、安全鉴定、防汛管理、应急处置等。

一、工程保护标准

工程保护标准见表4-43。

表 4-43　工程保护标准

序号		标准内容
1	水法规宣传	管理单位应结合"世界水日""中国水周""水法宣传月"等,加强水法规宣传,同时在日常巡查中加强水法规宣传,做到巡查和宣传相结合
2	划界确权	应以有关法律法规、规范性文件、技术标准和工程立项审批文件为依据,结合水闸的运行条件、工程布置和周围其他环境因素,确定管理范围内土地使用权属,划定水闸工程管理范围、保护范围,设立管理范围界桩(实地桩和电子桩)
3		设置管理范围和保护范围公告牌等
4	水事活动巡查	按照水法规及河道巡查办法等要求,制订年度巡查方案,包括巡查范围、重点、内容、周期、路线以及责任人和相关责任等
5		采用日常巡查与不定期抽查相结合、重点巡查与一般巡查相结合的方式,可根据各类水事行为的特点增加巡查次数,重点地区可开展联合执法巡查
6		巡查人员一般不少于 2 人。巡查人员对水事活动实施检查,应主动出示执法证件,严格按照法定权限和程序办事
7		执法巡查应当做到文明用语,文明执法
8		对巡查中发现的各类水事违法行为应及时依法依规分类处置,重大水事违法行为应当逐级上报,不得敷衍应付、隐瞒不报、复查失实,导致违章形成
9		建立巡查情况台账。巡查人员应及时填写巡查记录,载明巡查人员、路线、内容、方式、发现的问题及处理情况
10		按要求及时统计上报水行政执法检查情况汇总表
11	涉河建设项目监管	参与审查审批涉河建设项目建设方案和施工方案,监督消除和减轻不利影响措施的实施
12		依据水法规及涉河建设项目批复文件要求,对施工放样、防洪安全部位、隐蔽工程等进行现场监督管理,对涉河建设项目的施工、运行、管理等进行检查
13		建立涉河建设项目台账。督促建设单位落实防汛职责,编制度汛预案,签订现场清理复原等相关协议,实施消除和减轻防洪影响的措施,参与涉河建设项目专项验收,并做好资料收集和存档
14		监督指导项目防汛、度汛工作,发现违章建设及影响防洪安全的行为及时制止,并督促问题整改落实
15		涉河建设项目实施完成后,及时督促参建单位清理施工现场,清除施工废弃物、临时施工便道等施工临时设施,按原设计标准恢复受损的堤防、护坡等水工程及设施

二、安全生产标准

安全生产标准见表4-44。

表4-44　安全生产标准

序号		标准内容
1	目标职责	明确安全生产管理机构,配备专(兼)职安全生产管理人员,建立健全安全管理网络和安全生产责任制
2		逐级签订安全生产责任书,并制定目标保证措施
3		按有关规定保证具备安全生产条件所必需的资金投入,并严格资金管理
4	制度化管理	建立健全安全生产规章制度和安全操作规程,改善安全生产条件,建立健全安全台账
5		及时识别、获取适用的安全生产法律法规和其他要求,归口管理部门每年发布1次适用的清单,建立文本数据库
6	教育培训	每年识别安全教育培训需求,编制培训计划,按计划进行培训,对培训效果进行评价
7		加强新员工、特种作业人员、相关方及外来人员的教育培训工作
8	施工项目现场管理	配备专(兼)职安全员,与相关方签订安全生产协议,开展专项安全知识培训和安全技术交底,检查落实安全措施,规范各类作业行为
9	安全风险管控及隐患排查治理	定期开展危险源辨识和风险等级评价,设置安全风险公告牌、危险源告知牌,管控安全风险,消除事故隐患
10		对重大危险源进行登记建档,并按规定进行备案,同时对重大危险源采取技术措施和组织措施进行监控
11	应急管理	建立健全安全生产预案体系(综合预案、专项预案、现场处置方案等),将预案按规定备案,并通报有关应急协作单位,一般每3年修订1次,如工程管理条件发生变化应及时修订完善
12		安全应急预案或专项应急预案每年应至少组织1次演练,现场处置方案每半年应至少组织1次演练,有演练记录
13	事故查处	发生事故后管理单位应采取有效措施,组织抢救,防止事故扩大,并按有关规定及时向上级主管部门汇报,配合做好事故的调查及处理工作
14		零事故报告定期通过信息平台上报
15	持续改进	根据有关规定和要求,开展安全生产标准化建设,同时根据绩效评定报告,进行持续改进

三、注册登记标准

注册登记标准见表 4-45。

表 4-45　注册登记标准

序号		标准内容
1	登记要求	水闸注册登记要求应按《水闸注册登记管理办法》(水运管〔2019〕260号)执行
2		水闸注册登记实行一闸一证制度
3	登记方式	水闸注册登记采用网络申报登记方式进行,通过堤防水闸基础信息数据库开展工作
4	申报信息	申报信息主要包括水闸基本信息、管理单位信息、工程竣工验收鉴定书、水闸控制运用计划、水闸安全鉴定报告书、病险水闸限制运用方案审核备案文件、水闸全景照片、其他资料
5	变更	水闸管理单位发生变化或其隶属关系变化,或者安全鉴定、除险加固等情况导致水闸注册登记信息发生变化的,向水闸注册登记机构申请办理变更事项登记

四、设备管理等级评定标准

水闸管理单位应定期对闸门、拦污栅和启闭机设备管理等级进行评定,评定按《水工钢闸门和启闭机安全运行规程》(SL/T 722—2020)及有关标准执行。设备管理等级评定标准见表 4-46。

表 4-46　设备管理等级评定标准

序号		标准内容
1	评定周期	闸门、拦污栅和启闭机设备管理等级评定每5年进行1次
2		设备管理等级应按单位工程独立评定,不同单位工程的闸门、拦污栅和启闭机应分别进行评定
3	单元划分	每个单位工程的闸门、拦污栅和启闭机应按类型(作用)分别进行评定。相同类型(作用)的闸门、拦污栅和启闭机不论数量多少,均应作为一个单项设备进行评定
4		评级工作按照评级单元、单项设备、单位工程逐级评定
5	问题处理	单项设备被评为三类设备的应及时整改;单位工程被评为三类单位工程的,应向上级主管部门报告,落实处置措施,必要时申请安全鉴定
6	成果认定	及时将评定成果报上级主管部门认定

五、安全鉴定标准

安全鉴定标准见表 4-47。

表 4-47　安全鉴定标准

序号		标准内容
1	鉴定要求	水闸安全鉴定要求应按水利部《水闸安全鉴定管理办法》(水建管〔2008〕214 号)执行
2	首次鉴定	水闸首次安全鉴定应在新建、改扩建、加固竣工验收后 5 年内进行,以后每隔 10 年进行 1 次安全鉴定。运行中遭遇超标准洪水、强烈地震、增水高度超过校核潮位的风暴潮、工程发生重大事故后,应及时进行安全检查,如出现影响安全的异常现象,应及时进行安全鉴定。闸门、启闭机等单项工程达到折旧年限,应按有关规定和规范适时进行单项安全鉴定。对影响水闸安全运行的单项工程,应及时进行安全鉴定
3	鉴定内容	水闸安全鉴定的具体内容应按《水闸安全评价导则》(SL 214—2015)的规定进行,包括现状调查、安全检测、安全复核等。根据安全复核结果,进行研究分析,作出综合评估,确定水闸工程安全类别,编制水闸安全评价报告,并提出加强工程管理、改善运用方式、进行技术改造、加固补强、设备更新或降等使用、报废重建等方面的意见
4	成果运用	经安全鉴定为二类水闸的,水闸管理单位应编制维修方案,报上级主管部门批准,必要时进行大修。经安全鉴定为三类水闸的,水闸管理单位应及时组织编制除险加固计划,报上级主管部门批准。经安全鉴定为四类水闸的,管理单位应报上级主管部门申请降低标准运用或报废、重建。在三、四类水闸未处理前,水闸管理单位应制订水闸安全应急方案,并采取限制运用措施

六、防汛管理标准

防汛管理标准见表 4-48。

表 4-48　防汛管理标准

序号		标准内容
1	防汛组织	建立防汛组织体系,组建专业抢险队伍,明确单位负责人、技术人员等的防汛职责,落实安全度汛责任,建立健全防汛工作及值班防守制度
2		建立与相关防汛部门、水文部门以及当地政府有关部门等的沟通联络机制,及时掌握工情、水情、雨情

续表 4-48

序号		标准内容
3	汛前准备	开展汛前检查;研究编制防汛应急预案和险工险段抢险预案,编制防汛物料分布图、险工险段位置图及物资调度图表等各类防汛基础资料报主管部门备案
4		开展防汛抢险技术培训,每年至少开展 1 次防汛应急预案演练,提高队伍应急处置能力
5		配备应急电源和应急通信设备,储备必要的防汛物资,制定防汛物资管理办法,建立防汛物资储备使用管理台账,做好物资购置、补充、更新和日常管护工作。防汛物料及工器具储备应分布合理,专人负责,规范管理
6		每年汛前及时消除堤防工程安全度汛的各类隐患,对备用电源等设备设施进行试运行;防汛道路保持畅通
7	汛期管理	落实汛期 24 h 值班制度和领导带班制度,做好值班记录,发现隐患、险情、事故及时报告,保持通信畅通
8		及时了解水文、气象信息,密切关注雨情、水情、工情,及时准确执行防汛指挥机构和上级主管部门的指令

七、应急处置标准

水闸发生险情时,应准确判断险情类别、性质,按"抢早抢小、就地取材"的原则确定处置方案;应急处置结束后,应有专人观察,发现异常应立即报告并及时处理;应急处置一般采取临时性抢险措施,险情解除后,具备条件时应清理、拆除临时工程,应按原设计要求进行重新维修或加固。应急处置标准见表 4-49。

表 4-49　应急处置标准

序号		标准内容
1	闸门漏水险情	漏水量较小时,一般采用潜水员水下作业,将闸门缝隙堵塞;漏水量较大时,一般采用旧棉絮外裹土工布、棉布等,用绳子捆扎成长方体状,顺闸门前抛投入水中,利用水流吸力作用,将缝隙堵塞;若具备水下检修闸门,在检修闸门落下后,将备好的土料抛投于检修门外侧
2	闸门门顶漫溢险情	宜将焊接的平面钢架吊入门槽内,放置在闸门顶部,然后在钢架前部的闸门顶部堆放土袋,或利用闸前工作桥,在胸墙顶部堆放土袋,迎水面压放土工膜布或篷布挡水
3	闸门破坏险情	一般宜采用在检修门槽内下放检修闸门或钢(木)叠梁封堵,或先在洞口前下沉钢筋网,然后抛投土袋堵塞网格封堵

续表 4-49

序号		标准内容
4	闸基渗水或管涌险情	一般在漏洞进口一定范围内抛投黏土袋和散黏土,以减弱水势;在下游冒水、冒砂处抢筑反滤围井,减少上下游水位差
5	消能防冲工程破坏险情	宜采用抛投块石、石笼等方法进行抢修
6	防洪墙倾覆险情	一般在防洪墙背水侧用土和砂袋加戗处理

第六节　技术档案管理标准

　　水闸管理单位应建立档案资料管理制度,由熟悉工程管理、掌握档案管理知识并经培训取得上岗资格的专职或兼职人员管理档案,档案设施保持齐全、清洁、完好。技术档案管理标准见表 4-50。

表 4-50　技术档案管理标准

序号		标准内容
1	范围及周期	技术档案包括以文字、图表等纸质件及音像、电子文档等磁介质、光介质等形式存在的各类资料
2		应及时收集技术资料,对于控制运用频繁的工程,运行资料整理与整编宜每季度进行 1 次;对于运用较少的工程,运行资料整理与整编宜每年进行 1 次
3	建档立卡	各类工程和设备均应建档立卡,文字、图表等资料应规范齐全,分类清楚,存放有序,及时归档
4	保管借阅	严格执行保管、借阅制度,做到收借有手续,按时归还
5		档案管理人员工作变动时,应按规定办理交接手续
6	档案室管理	库房温度、湿度应控制在规定范围内
7		档案管理制度、档案分类方案应上墙;档案库房照明应选用白炽灯或白炽灯型节能灯
8	电子化管理	积极推行档案管理电子化

第七节　制度管理标准

水闸管理单位应结合工程实际,及时修订水闸工程管理细则、水闸运行管理制度和操作规程。制度建设管理主要包括水闸技术管理细则、管理制度与操作规程、执行与评估等方面。制度管理标准见表4-51。

表 4-51　制度管理标准

序号		标准内容
1	技术管理细则	水闸管理单位应结合工程的规划设计和具体情况,编制水闸工程技术管理细则。工程实际情况和管理要求发生改变时要及时进行修订,报上级主管部门批准
2		管理细则应有针对性、可操作性,能全面指导工程技术管理工作,主要内容包括总则、工程概况、控制运用、工程检查、工程观测、维修养护、安全管理、技术档案管理、其他工作等
3	管理制度与操作规程	管理制度、操作规程条文应规定工作的内容、程序、方法,要有针对性和可操作性
4		管理制度、操作规程应经过批准,并印发执行
5	执行与评估	技术管理细则、管理制度、操作规程应汇编成册,组织培训学习
6		水闸管理单位应开展规章制度执行情况监督检查,并将规章制度执行情况与单位、个人评先评优和绩效考核挂钩
7		水闸管理单位应每年对规章制度执行效果进行评估、总结

第八节　教育培训工作标准

水闸管理单位应明确教育培训的归口管理部门、对象与内容、学时、组织与管理、记录与档案等要求。教育培训工作主要包括制订培训计划、新职工入职培训、安全生产教育培训、特种作业人员培训等。

教育培训工作标准见表4-52。

表 4-52　教育培训工作标准

序号		标准内容
1	业务培训	管理单位应制订年度教育培训计划,开展在岗人员专业技术和业务技能的学习与培训,运行管理岗位人员培训每年不少于 1 次,应完成规定的学时,职工年培训率应达到 60%以上
2		技术管理细则、规章制度、应急预案等应按规定及时组织培训
3		闸门运行关键岗位和特种作业人员应按照有关规定进行培训并持证上岗
4	岗前培训	首次上岗的运行管理人员应实行岗前教育培训,具备与岗位工作相适应的专业知识和业务技能
5	安全培训	水闸管理单位主要负责人、安全生产管理人员初次安全培训时间不得少于 32 学时,每年再培训时间不得少于 12 学时,一般在岗作业人员每年安全生产教育和培训时间不得少于 12 学时,新员工的三级安全教育培训时间不得少于 24 学时
6	评价总结	水闸管理单位应每年对教育培训效果进行评估和总结,建立教育培训台账

第五章　管理流程

　　水闸标准化管理要按流程化管理方法,规范管理行为,克服工作执行过程的随意性,实现工作从开始到结束的全过程闭环式管理。对规律性、程序性、重复性的工作编制流程图,形成完整的工作链,明确工作实施的路径、方法和要求。

　　水闸管理单位应将主要流程在相关场所的醒目位置明示,加强管理流程的学习培训,对重要技术节点进行技术交底,保证操作人员熟练掌握流程及关键控制点。将主要工作流程融入工程管理信息化系统,严格执行流程,实现信息共享。

第一节　控制运用流程

一、适用范围

适用于管理范围内的水闸调度运用。

二、工作职责

水闸管理单位在接到调度运行指令后,要及时组织执行,做好记录,并及时反馈执行情况。

三、工作流程

控制运用流程一般包括指令下达、拟订调度方案、确定闸门启闭孔数和开高、闸门启闭操作、执行情况回复等。

　　(1)指令执行参考流程如图5-1所示。

　　(2)运行值班管理参考流程如图5-2所示。

四、注意事项

　　(1)控制运行只接受有管辖权的防汛指挥机构或上级调度指令,不接受其他任何部门或个人的意见。

　　(2)闸门操作、机电设备运行过程管理符合本闸相关操作规程和有关规定。

　　(3)排水闸在多雨季节有暴雨天气预报时,适时预降内河水位;汛期充分利用外河水位回落时机排水。

　　(4)汇总运行资料并分析存在问题,提高运行管理水平。

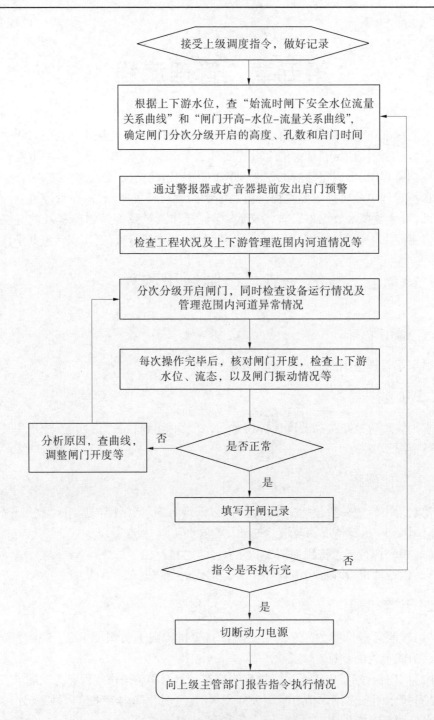

图 5-1　指令执行参考流程

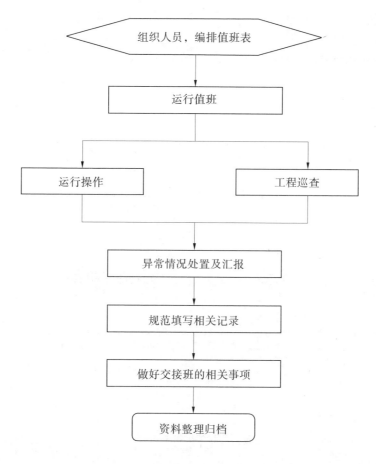

图 5-2　运行值班管理参考流程

五、台账资料

台账资料包括闸门启闭记录、值班记录、调度指令执行记录等。部分表格参照附录 B 中的 B.1。

第二节　检查观测流程

一、工程检查流程

(一)适用范围

适用于水闸工程日常检查、定期检查、专项检查、特别检查工作。

(二)工作职责

(1)根据水闸技术管理规范和具体的技术管理细则,确定检查内容与频次。

（2）按照有关要求,成立专门工作小组,了解工作任务、明确工作要求、落实工作职责,并加强监督检查。

（三）工作流程

检查观测流程一般包括发布通知、制订内容及计划、实施检查及维修养护、进行总结、形成报告、报上级主管部门、资料汇总归档等。

（1）日常检查参考流程如图 5-3 所示。

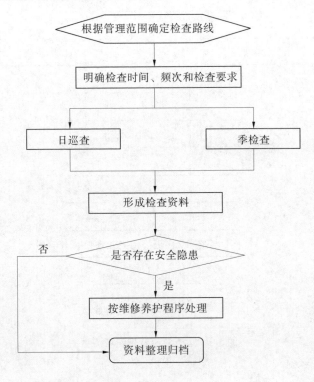

图 5-3　日常检查参考流程

（2）汛前检查参考流程如图 5-4 所示。

（3）汛后检查参考流程如图 5-5 所示。

（4）专项检查参考流程如图 5-6 所示。

（5）特别检查参考流程如图 5-7 所示。

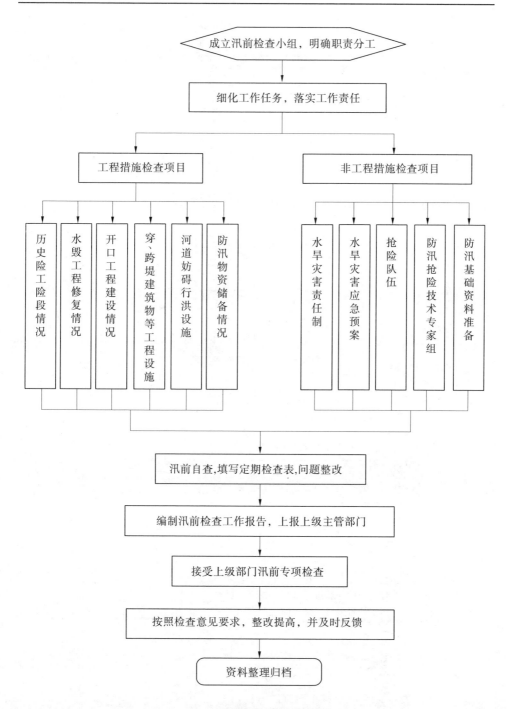

图 5-4　汛前检查参考流程

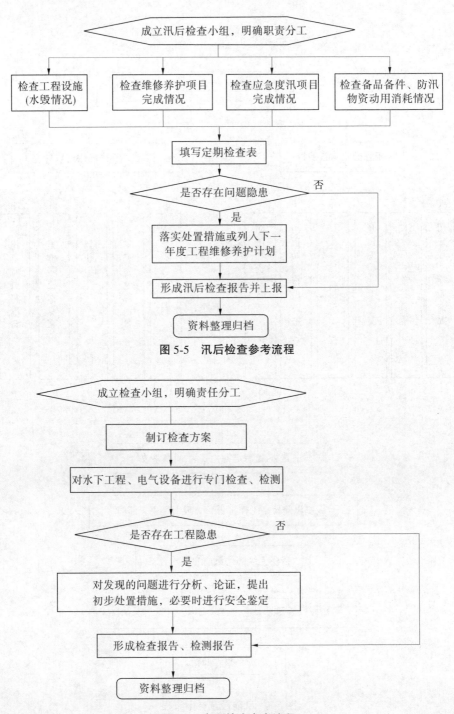

图 5-5　汛后检查参考流程

图 5-6　专项检查参考流程

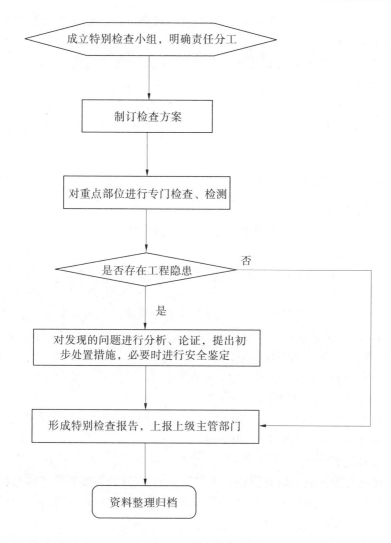

图 5-7　特别检查参考流程

(四)注意事项

(1)各类检查应根据相应的侧重点进行认真检查,检查内容要全面,数据要准确。

(2)对检查发现的安全隐患或缺陷,应及时组织进行维修处理。

(3)对影响工程安全度汛而一时又无法在汛前解决的问题,应制订好应急抢险方案,并上报上级主管部门。

(4)对汛前、汛后检查工作要编制定期检查报告和工作总结。特别检查可参照定期检查填写特别检查表,编制检查报告。

（5）对上级检查组提出的整改意见和建议，管理单位要限期落实整改到位，并及时上报整改情况。

（6）汛前、汛后定期检查和特别检查报告要报送上级主管部门。

（7）应分类建立各类检查台账资料，归档保存。

(五) 台账资料

台账资料包括日常检查表、定期检查记录表、专项检查报告、特别检查报告等。部分表格参照附录 B 中的 B.2。

二、工程观测流程

(一) 适用范围

适用于水闸工程观测、观测数据的分析及观测资料整编。

(二) 工作职责

（1）按照上级批复的水闸技术管理细则中明确的观测任务组织开展工程观测工作。

（2）安排专人负责观测工作，定期对工程进行观测。较复杂的观测任务，应根据工作需要，配备技术负责人、技术人员及其他配合人员进行观测工作。必要时可委托有资质的专业单位承担观测工作。

（3）观测人员要熟悉工程情况，掌握观测技术，对观测设备定期检查，确保其性能良好，随时可以投入使用。

（4）由观测人员对观测结果进行计算、校核、分析、汇编，单位负责人或技术负责人组织进行初审后报上级主管部门。

(三) 工作流程

工程观测流程一般包括观测任务书编制和批复、开展各类观测工作、资料计算整理、观测成果分析、成果上报主管部门、资料整编、资料审查、资料装订归档等。

（1）工程观测参考流程如图 5-8 所示。

（2）垂直位移观测参考流程如图 5-9 所示。

（3）测压管观测参考流程如图 5-10 所示。

（4）河床断面观测参考流程如图 5-11 所示。

(四) 注意事项

（1）观测工作应保持系统性和连续性，按照规定的项目、测次和时间进行现场观测。

（2）观测设备均应符合国家或部颁的现行技术标准，相关检测资料齐全。

（3）垂直位移观测应选择合适的时间，日出后与日落前 30 min 内、太阳中天前后各约 2 h 内、标尺分划线的影像跳动而难以照准时、气温突变时、风力过大而使标尺与仪器不能稳定时，不得进行观测。

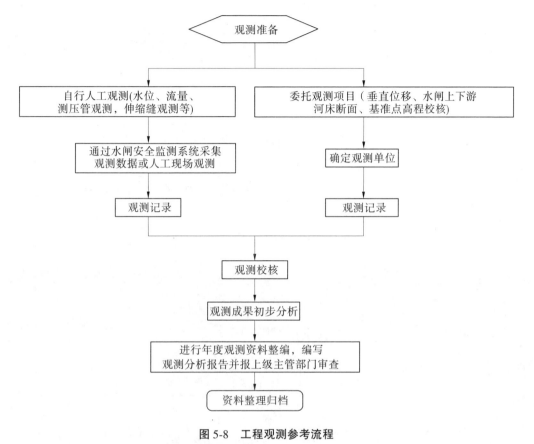

图 5-8　工程观测参考流程

（4）如因工程维修或施工需要移动垂直位移观测标点,应在原标点附近埋设新标点,对新标点进行考证。

（5）观测成果与以往成果比较,变化规律、趋势应合理。

（6）年底应对本年度观测资料进行整编,并将整编成果报上级主管部门审查。

（7）对发现的问题要落实处理措施,制订的应急预案要针对具体问题,可操作性要强。

（五）台账资料

台账资料包括垂直位移观测记录资料、测压管水位观测记录资料、河床断面观测记录资料、伸缩缝观测记录资料、工程观测总结、裂缝观测资料、工程运用情况统计表、水位统计表、流量统计表等。部分表格参照附录 B 中的 B.3。

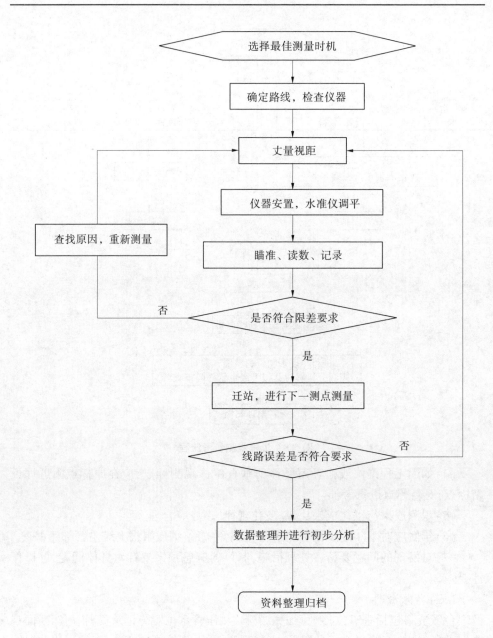

图 5-9　垂直位移观测参考流程

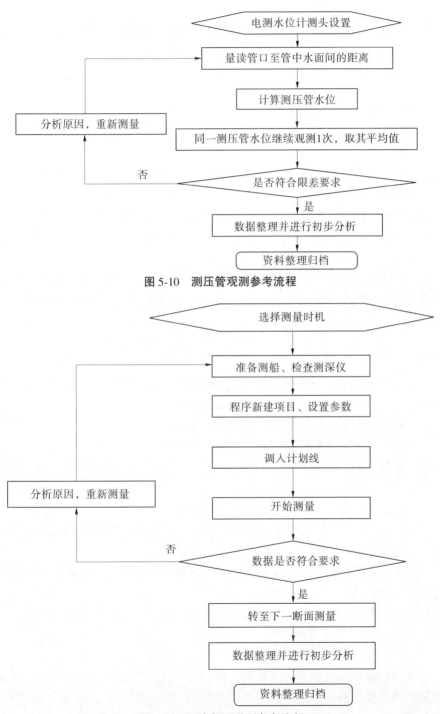

图 5-10 测压管观测参考流程

图 5-11 河床断面观测参考流程

第三节　维修养护项目实施流程

一、适用范围

适用于水闸维修养护的项目管理和养护、维修。

二、工作职责

(1)维修养护项目实行统一管理、分级负责的原则。管理单位对维修养护项目组织实施全过程管理。

(2)管理单位应加强对所管工程建筑物、机电设备及附属设施等的检查,根据发现的问题编制维修养护计划,报上级批准后组织实施,并接受上级主管部门的督查指导。

(3)项目管理单位主要负责人为项目第一责任人,按省淮河局水利工程运行维护管理经费使用管理办法全面负责项目实施的质量、安全、经费、工期、资料档案管理。

三、工作流程

工作流程一般包括分析运行资料、检查资料,编制维修养护项目及计划,项目计划批复,组织实施,填写实施记录资料,台账整理等。

(1)工程养护项目管理参考流程如图 5-12 所示。

(2)工程维修项目管理参考流程如图 5-13 所示。

四、注意事项

(1)维修养护项目实施实行项目负责制、合同管理制、完工验收制等制度。

(2)成立专门的项目管理工作组,对项目实施的进度、质量、安全、经费及资料档案进行管理。

(3)强化项目过程控制,开展工程质量、进度、安全、资金、档案等方面的跟踪和督查。

(4)工程维修养护结束后,管理单位要将相关技术资料进行整理、归档。

五、台账资料

工程维修养护项目管理台账资料包括:工程实施方案或设计文件,项目招标采购或依据内控制度确定施工方的相关资料,工程养护修理记录、施工合同、验收工作报告,验收鉴定书、第三方检测报告、审计报告。

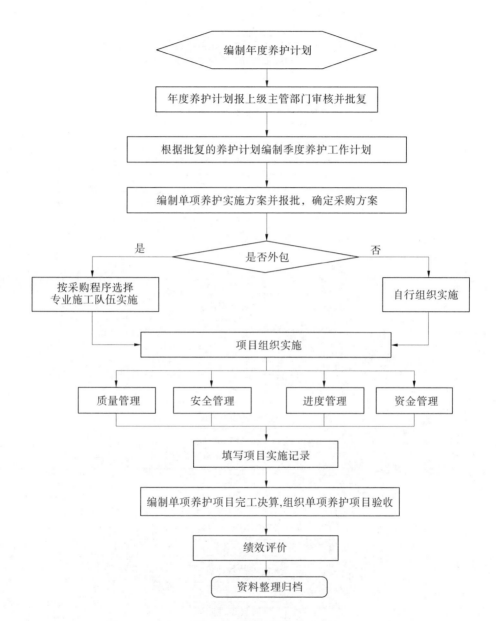

图 5-12　工程养护项目管理参考流程

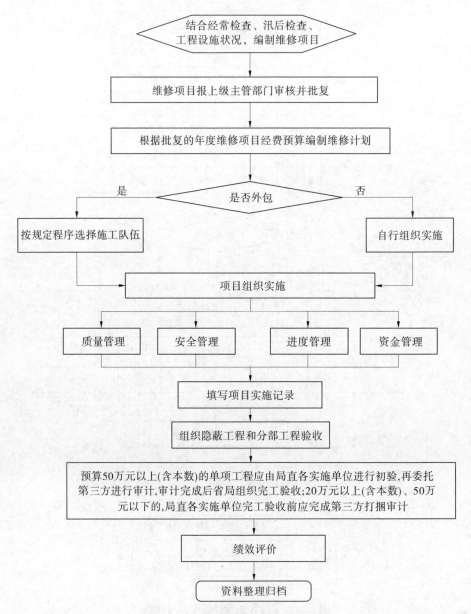

图 5-13　工程维修项目管理参考流程

第四节　安全管理流程

一、适用范围

适用于水法规宣传、水事活动巡查、涉河建设项目管理、违章处置管理、安全检查、安全风险管控及隐患排查治理、注册登记、设备管理等级评定、安全鉴定、防汛管理、应急处置等工作。

二、工作职责

(1)加强水法规宣传,对管理范围巡视检查,及时制止并依法查处侵占、破坏工程设施的行为,加强工程设施保护,维护正常的工程管理秩序。

(2)对工程管理范围内批准的建设项目进行监督管理。

(3)建立健全安全管理、安全生产规章制度和安全操作规程,积极推进安全生产标准化建设。

(4)应严格执行安全生产管理法规,按照要求开展安全生产活动。

(5)按照安全管理要求落实好各类安全措施,开展安全风险管控及隐患排查治理,及时消除安全隐患。

(6)编制安全生产应急预案,并加强单位、部门间的协作,有效应对各类突发事件。

(7)按照规定及时组织开展工程注册登记、设备管理等级评定、安全鉴定。

(8)建立防汛办事机构,明确防汛职责,建立工作制度。

(9)成立应急处置组织机构,建立应急抢险队伍。

三、工作流程

(一)水法规宣传流程

水法规宣传流程包括制订水法规宣传方案,制作巡查标牌、材料,开展宣传工作,留有影像资料,形成记录。水法规宣传参考流程如图5-14所示。

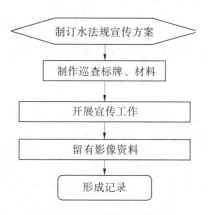

图5-14　水法规宣传参考流程

(二)水事活动巡查流程

水事活动巡查具体流程为管理单位制订水行政巡查方案,开展水事巡查,发现违法水事行为应及时制止,防止违法违规行为进一步扩大,并做好巡查记录。水事活动巡查参考流程如图5-15所示。

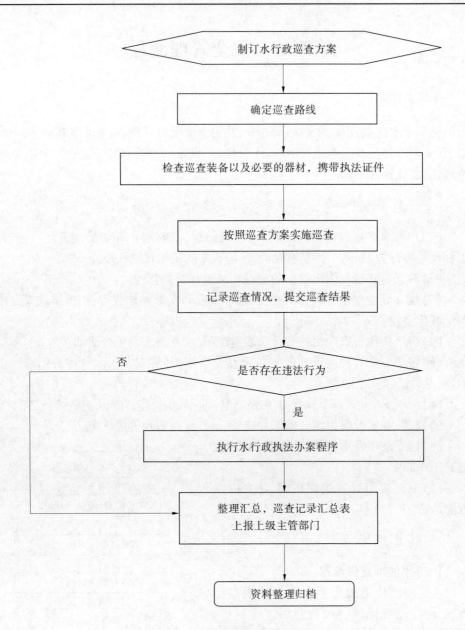

图 5-15 水事活动巡查参考流程

（三）涉河建设项目管理流程

涉河建设项目管理流程为水闸管理单位依据涉河建设方案行政许可、施工方案审查意见等文件，实施建设过程监管，参与涉河建设项目现场放样、专项验收，竣工资料备案存档、项目运行过程监管，建立涉河建设项目台账整理归档。涉河建设项目管理参考流程如图 5-16 所示。

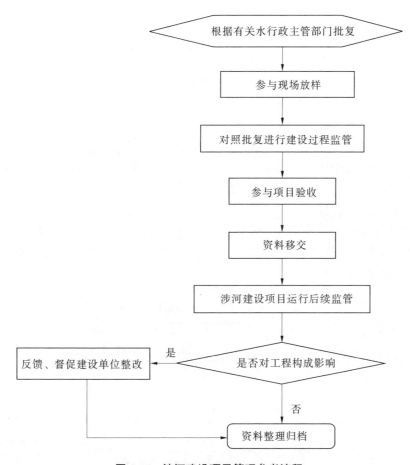

图 5-16　涉河建设项目管理参考流程

（四）违章处置管理流程

违章处置管理流程一般包括违章问题排查、建立问题整治工作台账、提出清障计划和实施方案、下发整改通知、整改销号、资料整理归档等工作。违章处置管理参考流程如图 5-17 所示。

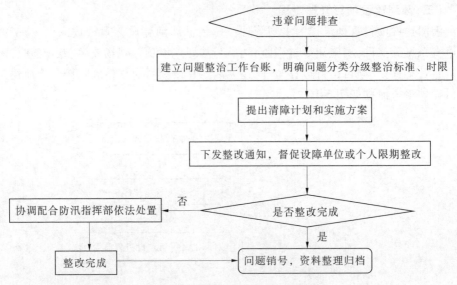

图 5-17　违章处置管理参考流程

(五) 安全检查流程

安全检查流程一般包括制订安全生产检查计划、开展安全生产检查活动、填写检查记录、发现问题及落实整改措施、形成书面报告、检查资料归档等。安全检查参考流程如图 5-18 所示。

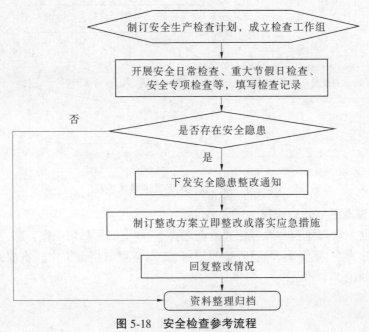

图 5-18　安全检查参考流程

（六）安全风险管控及隐患排查治理流程

安全风险管控及隐患排查治理流程主要包括成立工作小组、制订工作方案、明确风险管控范围和方法、现场开展管控和排查、区分重大或一般危险源、对重大危险源按规定程序上报、形成辨识报告。安全风险管控及隐患排查治理参考流程如图 5-19、图 5-20 所示。

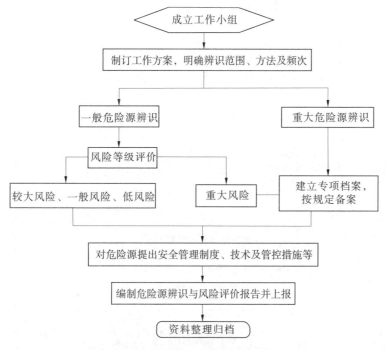

图 5-19　安全风险管控参考流程

（七）注册登记流程

注册登记流程一般包括申报、审核发证、变更、打印明示等。注册登记参考流程如图 5-21 所示。

（八）设备管理等级评定

设备管理等级评定流程一般包括成立工作小组、制订方案、管理单位评定，报上级主管部门认定、批复，对工程缺陷提出处置意见，工作总结，资料整理归档等。设备管理等级评定参考流程如图 5-22 所示。

（九）安全鉴定流程

安全鉴定流程一般包括制订计划、现场检查、安全检测、安全复核计算分析、安全评价、形成安全鉴定报告书、成果报批、资料整理归档等。安全鉴定参考流程如图 5-23 所示。

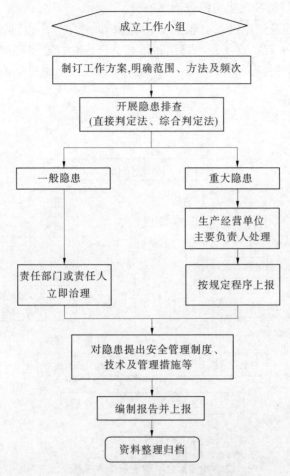

图 5-20　隐患排查治理参考流程

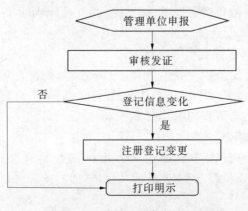

图 5-21　注册登记参考流程

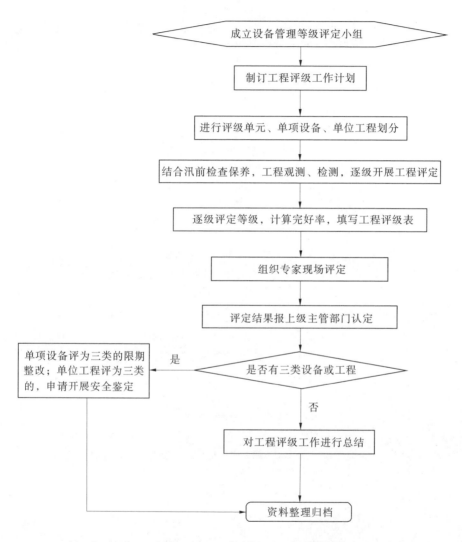

图 5-22 设备管理等级评定参考流程

(十)防汛管理流程

防汛管理流程主要包括成立防汛组织机构、落实防汛责任制、开展汛前准备（工程检查、防汛预案落实、防汛队伍落实、防汛物料准备等）、开展汛期工作（防汛值班带班、关注工情雨情、开展巡堤查险等）、形成汛期工作记录等。防汛管理参考流程如图 5-24 所示。

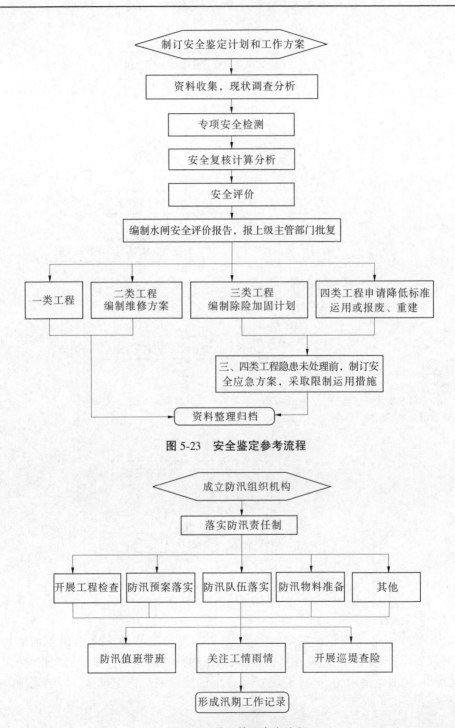

图 5-23 安全鉴定参考流程

图 5-24 防汛管理参考流程

(十一) 应急处置流程

应急处置流程主要包括险情发生、启动应急预案、开展应急处置、现场恢复、形成处置报告、资料收集归档。应急处置参考流程如图 5-25 所示。

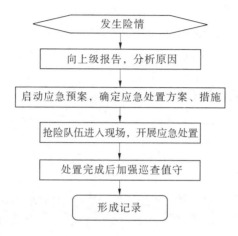

图 5-25　应急处置参考流程

四、注意事项

(1)应制订年度巡查方案,包括巡查范围、内容、频次、路线、要求、责任人和相关责任等。

(2)巡查人员在巡查过程中应注意对现场情况的记录,必要时采取拍照、摄像的方式记录现场情况,并将现场图片反映到巡查记录中。发现违法水事行为应注意及时收集证据,严格遵守水法律法规的程序规定进行现场调查和勘验。

(3)巡查人员对巡查中发现的各类水事违法案件应及时处理。对于一般性问题,应当场制止,责令其整改。依据水法规及水行政执法权限,下发整改通知,应将整改通知送达至责任单位或个人。

(4)安全生产日常检查每月应开展 1 次,对检查中发现的不安全因素应及时解决。元旦、春节、五一国际劳动节、国庆节、中秋节等重大节假日及安全生产月期间组织开展安全生产大检查活动,重点检查工程安全运行、反恐、防火防盗、交通、卫生等。

(5)结合单位实际,根据工程运行情况和管理特点,科学、系统、全面地开展危险源辨识与风险评价,对重大危险源和风险等级为重大的一般危险源应建立专项档案,并报上级主管部门备案。

(6)工程施工作业应成立安全管理小组,配备专(兼)职安全员。与相关方签订安全生产协议,开展专项安全知识培训和安全技术交底,检查落实安全措施,规范作业行为。

(7)设备管理等级评定评级单元、单项设备、单位工程的划分应准确、合理。

(8)编写设备管理等级评定报告,主要包括工程概况、评定范围、评定工作开展情况、评定结果、存在问题与措施、设备管理等级评定表。

(9)按规定做好汛前防汛检查;根据防洪预案,落实各项度汛措施,开展防汛演练;防汛基础资料齐全,水闸技术图表准确;及时检修维护通信线路、设备,保障通信畅通。

(10)险情发现及时,报告准确、应急处置及时,措施得当。

五、台账资料

台账资料包括:水事巡查记录;涉河建设项目批复文件、立项文件、相关协议、施工资料、专项验收资料、总结资料;安全生产检查记录、安全会议记录、危险源辨识与风险评价资料、隐患整改记录、安全检查总结、安全标准化建设台账资料;设备管理等级评定资料、安全鉴定成果资料等。部分表格参照附录 B 中的 B.4。

第五节　技术档案管理流程

一、适用范围

适用于水闸管理单位档案资料的收集、整理、归档等工作。

二、工作职责

工程管理单位应建立档案资料管理制度,由熟悉工程管理、掌握档案管理知识并经培训取得上岗资格的专职人员或兼职人员管理档案。

三、工作流程

档案管理流程一般包括档案收集、整理、归档、保管、借阅等。档案管理参考流程如图 5-26 所示。

四、注意事项

(1)归档的科技文件,须由文件形成单位或部门指定专人进行收集整理后,按规定移交或自行归档。

(2)对已接收或整理后的科技档案,本着便于保管、方便利用的原则,进行分类、编目、登记,放置在专门的档案柜内,应做到排列整齐有序,并由专人保管。

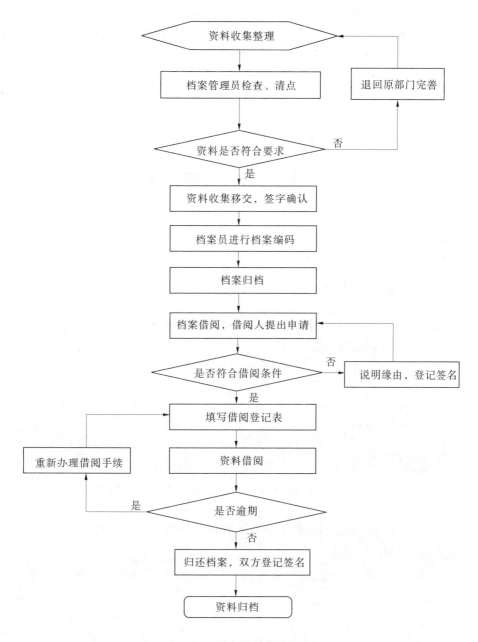

图 5-26 档案管理参考流程

(3)建立健全科技档案借阅、登记制度。档案借阅时需办理借阅登记手续,填写借阅登记表。

(4)建立健全科技档案鉴定、销毁制度。

五、台账资料

台账资料包括全引目录、案卷目录、档案借阅记录、档案销毁记录、档案室温/湿度记录等。部分表格参照附录 B 中的 B.5。

第六节　　制度管理流程

一、适用范围

适用于水闸管理单位制度管理工作。

二、工作职责

建立健全并严格执行控制运用、工程检查、工程观测、维修养护、安全生产等相关工作制度,按照制度管人管事,不断完善制度体系。

三、工作流程

制度管理流程一般包括各类规章制度的制定、培训、执行、评估、持续改进等工作。制度管理参考流程如图 5-27 所示。

四、注意事项

(1)下级制度不得与上级制度相抵触,应与同级有关规章制度相协调。

(2)制度要切合实际,力求完整,形成体系。合理性、针对性和可操作性要强。

(3)文字表达应准确、简明、易懂、逻辑严谨,术语、符号、代号应统一,并与其他的相关管理制度相适应。

(4)应加强对制度适用性、有效性和执行情况的检查评估,及时修订完善,并持续改进。

五、台账资料

台账资料包括规章制度汇编、学习培训资料、总结资料等。

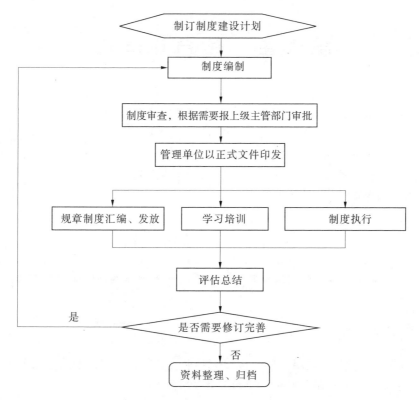

图 5-27　制度管理参考流程

第六章　信息化建设

　　安徽省淮河河道管理信息化系统按照安徽省水利厅"统一技术标准、统一运行环境、统一安全保障、统一数据中心和统一门户"的"五统一"水利信息化建设总体要求,以省淮河局实际业务需求为中心,建成满足决策、管理和运行等需求的软硬件运行环境、支撑平台和保障体系,实现一级部署,多级应用,主要包括综合业务平台、业务应用系统、移动应用等。

第一节　信息化平台

　　安徽省淮河河道管理信息化系统平台是支撑省淮河局及所属单位业务应用的综合信息平台。

一、基本情况

　　(1)平台建设符合网络分区分级防护要求,水闸自动化控制系统、视频监视系统和业务应用系统分别布置在不同的网络区域。

　　(2)平台建立了完善的用户身份认证和权限管理体系,根据从事工作内容,为用户配置系统功能;根据用户所属单位管理职责,确定数据访问权限。

　　(3)平台界面风格统一,集成规范,各业务系统实现"一站式"登录,不同业务系统之间协同办公。

二、综合业务平台

　　综合业务平台主要包括首页、一张图、水闸水情、视频监视等。

(一)首页功能

　　首页是省淮河局综合办公信息窗口,集成OA办公系统、视频监视系统等内部信息化系统,实现各系统的单点登录。接收省水利信息化平台推送的水情等数据,实现全省淮河水情重要站点数据的接入集成。

(二)一张图功能

　　一张图是在汇聚水利部、省水利厅等单位地理信息资源的基础上整合、开发,是服务于安徽省淮河河道管理的空间地理信息公共服务平台。通过平台实现淮河流域遥感地理信息及各类水利工程地理信息的查询。

(三)水闸水情查询功能

基于一张图,叠加省淮河局直管水闸水情、工情等数据,实现水情、工情实时在线监测。

(四)视频监视功能

基于一张图,叠加省淮河局建设的视频监视站点空间地理信息,实现视频站点地图定位和视频查看。

第二节　业务应用系统

一、河道管理系统

河道管理系统为河道管理和水政执法工作提供信息化支撑,主要包括河道巡查、涉河建设项目管理、河道采砂监管、水事案件管理、河道测绘、其他业务和知识库等功能。

(一)河道巡查

河道巡查主要包括事件统计分析、视频巡查、日巡查、周检查、月复查、季督查、重点问题直报、清障成果管理等功能。

(1)事件统计分析实现对河道巡查过程中发生及处理河湖"四乱"问题按照不同的类型、问题程度、时间等进行统计和分析等功能。

(2)视频巡查实现利用固定视频监控对河道违法违规现象进行线上巡查,并实现违法违规情况的自动识别、问题自动告警以及问题上报等功能。

(3)日巡查实现基层管理段所(或水闸管理单位相关部门)河道、堤防日巡查发现的情况或问题、制止处置情况进行记录电子化及问题上报,日巡查情况查询与管理等功能。

(4)周检查实现局直水管单位周检查发现的问题、组织处置情况进行记录电子化和问题上报,周检查情况查询与管理等功能。

(5)月复查实现局采砂执法大队每月复核管理范围内问题处置情况的报送,以及新发现的问题上报、反馈等功能。

(6)季督查实现局有关部门对局直水管单位或省局采砂执法大队报告的问题信息应及时梳理,对每季度问题督查管理,包括对已上报问题督查、新发现问题反馈等,形成问题台账。

(7)重点问题直报实现重点问题直接上报、重点问题查询、问题处置跟踪、问题反馈提醒、局领导批示等功能。

(8)清障成果管理实现对已处置完成的河道违法违规问题的处置结果查询、问题来源分类管理、处理数量统计等管理功能。

(二)涉河建设项目管理

涉河建设项目管理主要包括申报指南、受理及决定、涉河建设项目监管、涉河建设项目专题图等功能。

(1)申报指南包括涉河建设项目申报流程展示、申请材料要求上传、申报指南管理、申报指南查询等功能。

(2)受理及决定包括申报项目登记、受理及决定管理、申报阶段提醒、审批状态查询等功能。

(3)涉河建设项目监管包括项目过程资料管理、项目建设情况监管、局领导审核等功能。

(4)涉河建设项目专题图基于安徽淮河一张图开发,提供展示涉河建设项目基本信息和完成情况等功能。

(三)河道采砂监管

河道采砂监管主要包括采砂规划及实施方案管理、采砂许可管理、采砂执法巡查、采砂区专题图、采砂监管统计分析等功能。

(1)采砂规划及实施方案管理包括采砂规划管理和采砂规划查询等功能。

(2)采砂许可管理包括申请登记、受理及决定管理、采砂许可证查询、采砂许可统计等功能。

(3)采砂执法巡查包括河道采砂日巡查记录、河道采砂管理月报。

(4)采砂区专题图基于安徽淮河一张图开发,提供对省淮河局管理范围内可采区、禁采区监管敏感区等分布情况的查询功能。

(5)采砂监管统计分析实现按区域、时段对发生的采砂事件进行统计分析等功能。

(四)水事案件管理

水事案件管理主要包括刑事司法对接和案件信息管理功能。

(1)刑事司法对接实现涉及刑事案件的移交等统计查询功能。

(2)案件信息管理包括案件基础信息管理,案件资料的编辑、导出、上传、下载、删除等管理功能。

(五)河道测绘

河道测绘主要包括测绘成果管理和测绘成果对比分析功能。

(1)测绘成果管理实现河段观测数据和测绘断面布置数据的导入、导出等管理,以及测绘报告的上传、删除等管理功能。

(2)测绘成果对比分析提供河道测绘成果对比分析功能、河道地形变化统计功能,以及测绘报告的查询管理等功能。

(六)其他业务

其他业务主要包括合法性审查和信用信息管理。

（1）合法性审查实现对行政许可、行政处罚等重大水政执法决定的合法性审核结果的管理。

（2）信用信息管理对涉河建设项目建设单位等涉河事务当事人、采砂经营者及其从业人员等建立信用信息数据，对其不良行为进行记录，为业务办理工作提供有效的信用凭证。

（七）知识库

知识库提供文件的导入、导出、增加、删除、查询等功能；实现对河道管理工作涉及的法律法规及规章、规范性文件、部门文件、水法规，以及工作经验、成功案例等各类资料的管理和共享应用。

二、运行管理系统

运行管理系统主要满足工程运行工况监视、工程安全监测、日常巡查、维修养护等业务需求，包括视频监控、运行工况、启闭操作、工程检查、工程观测、维修养护、工程信息查询以及运行管理知识库等功能。

（一）视频监控

视频监控主要包括大中型水闸视频监控、小型涵闸视频监控、堤防工程视频监控等功能。

（1）大中型水闸视频监控实现对大中型水闸的启闭机房、水闸上下游、闸门、管理区等关键部位的实时视频监控。

（2）小型涵闸视频监控实现对小型涵闸上下游水面、启闭机房、交通桥等关键部位的实时视频监控。

（3）堤防工程视频监控实现对重点河段堤防、险工险段等实时视频监控。

（二）运行工况

运行工况实现水闸工情信息、设备状态、水情信息实时监控以及自动预警、时段统计等功能，包括水闸工况实时监控、水闸工况时段查询。

（1）大中型水闸工况实时监控实现对大中型水闸的工情信息、水情信息等的实时监控和自动告预警。

（2）小型涵闸工况实时监控实现对小型涵闸的闸门开启情况、内外河水位、过闸流量等进行实时监控和自动告预警。

（3）大中型水闸工况时段查询提供按时间段查询大中型水闸运行工况，包括按小时、日、旬、月、年等分时段统计数据。

（4）小型涵闸工况时段查询提供按时间段查询小型涵闸运行工况，包括按小时、日、旬、月、年等分时段统计数据。

（三）启闭操作

启闭操作主要包括启闭运行记录、闸门操作日志。

（1）启闭运行记录提供录入、修改、删除、查询启闭运行记录的功能。

（2）闸门操作日志提供查询闸门历史操作信息的功能。

（四）工程检查

工程检查实现对工程日常检查、定期检查、专项检查等工作的管理，包括大中型水闸检查、小型涵闸检查、堤防工程检查及检查情况统计等功能。

（1）工程检查通过 PC 端或手机 APP 端录入检查情况，上报存在的问题，支持拍照和视频并上传，且提供检查记录的查询、管理等功能。

（2）检查情况统计提供分工程统计局直单位日常巡查、周检查和定期检查完成情况的功能，实现一目了然监管。

（五）工程观测

工程观测实现对水情观测、工程安全观测等人工观测数据的录入和查询，以及工程安全自动监测信息的查询统计。主要包括工程安全自动监测、大中型水闸工程观测、小型涵闸水位观测、堤防工程观测、河道水情观测等功能。

（1）工程安全自动监测提供对水闸工程安全自动化监测数据的查询统计和对比分析功能。

（2）大中型水闸工程观测提供水位、流量、垂直位移、气温、伸缩缝、引河河道地形、扬压力等观测数据录入和对比分析功能；对有自动观测设施的水闸，提供人工录入数据与自动监测数据的对比分析功能。

（3）小型涵闸水位观测提供水位数据人工录入、水位数据时段查询、人工录入与自动监测数据对比分析功能。

（4）堤防工程观测实现对堤防垂直位移观测数据的管理、查询和统计功能。

（5）河道水情观测实现河道重要水情站点水情观测数据的管理、查询和统计功能。

（六）维修养护

维修养护实现对水利工程维修养护工作的信息化管理，主要包括项目库管理、重点项目实施管理、日常养护管理、养护修理管理、运维经费使用管理和重点项目统计分析等功能。

（1）项目库管理实现维修养护项目的新增、修改、删除、查询等功能。

（2）重点项目实施管理实现对维修养护重点项目实施全过程的动态监管，主要包括重点项目信息登记、重点项目实施情况查询等功能。

（3）日常养护管理实现工程日常养护记录的电子化，提供手机 APP 拍照和视频上传功能，真实记录日常养护现场情况。

（4）养护修理管理实现工程养护修理记录的电子化，提供手机 APP 拍照和视频上传功能，真实记录养护修理现场情况。

（5）运维经费使用管理实现对年度运行维护经费使用进度进行管理及统计的功能。包括运维经费使用进度管理、运维经费使用进度统计。

（6）重点项目统计分析提供按照管理单位和年份分别对重点维修养护项目的完成情况、养护费用分布情况等进行统计分析的功能。

（七）工程信息查询

工程信息实现对大中型水闸、小型涵闸、堤防工程等基础信息的查询功能。

（八）运行管理知识库

知识库提供文件的导入、导出、增加、删除、查询等功能；实现对工程运行管理工作涉及的法律法规及规章、规范性文件、部门文件，以及工作经验、成功案例等各类资料的管理和共享应用。

三、水旱灾害防御系统

水旱灾害防御系统包括工程调度、防汛检查、防汛抢险、防汛抗旱物资、水旱灾害防御知识库等功能。

（一）工程调度

工程调度主要包括视频监视、水闸调度、水情信息等功能。

（1）视频监视实现对河段、水闸等已建视频监测信息的实时查看，为重点河段汛情、重点堤防工程险情、重要水闸等提供现场实况信息。

（2）水闸调度实现省淮河局调令的下达、审核，局直单位对省局调令的接收；实现局直单位内部工程具体调度信息的录入、查询和推送。

（3）水情信息实现对工程调度相关的时段水情信息的查询，以及超警水位、超保水位的预警。

（二）防汛检查

防汛检查包括汛前（后）检查上报、汛前（后）检查报告管理、汛前（后）检查重点问题统计等功能。

（1）汛前（后）检查上报实现定期检查表的上传、编辑、下载、查询等功能。

（2）汛前（后）检查报告管理实现检查报告的录入或对检查报告文件进行上传，实现检查报告的电子化，方便后期对检查报告的检索、查询和查看。

（3）汛前（后）检查重点问题统计提供汛前（后）检查重点问题上报及统计功能，根据上报的检查重点问题，生成检查重点问题统计表。

（三）防汛抢险

防汛抢险主要包括防汛值守、险工险段、抢险技术及抢险队伍等功能。

（1）防汛值守实现对防汛责任制安排表的管理、值班人员值班工作的全流程管理和监管，包括防汛责任制安排管理、防汛值班排班、防汛值班记录管理等功能。

（2）险工险段包括险工险段信息管理、险情图片管理以及应急预案管理。

（3）抢险技术包括防汛基本知识管理、防汛基本知识查询、防汛抢险技术管理、防汛抢险技术查询、防汛抢险案例管理、防汛抢险案例查询。

（4）抢险队伍提供对抢险队伍的管理和查询功能。

（四）防汛抗旱物资

防汛抗旱物资主要包括物资储备管理、物资调运管理、物资管理、仓库管理等功能。

（1）物资储备管理实现对各类防汛抗旱物资储备情况及物资储备分布的查询、统计。

（2）物资调运管理实现对物资调运预案及物资调运示意图的查询和管理。

（3）物资管理实现物资的动态管理，包括物资的更新补充、调运、报废处理等。

（4）仓库管理实现对各类仓库日常运行的监管。

（五）水旱灾害防御知识库

水旱灾害防御知识库提供文件的导入、导出、增加、删除、查询等功能；实现对水旱灾害防御工作涉及的法律法规及规章、规范性文件、部门文件、水法规，以及工作经验、成功案例等各类资料的管理和共享应用。

四、安全与质量管理系统

安全与质量管理为水利工程建设和运行管理过程提供安全生产指导、质量监督监管和安全等级评定等安全与质量保障措施。主要包括安全生产、质量监督、安全管理和知识库等功能。

（一）安全生产

安全生产包括安全生产组织机构及制度、安全生产教育培训资料管理、排查整改台账管理、事故报表管理、安全生产标准化管理、危险源辨识管理。

（1）安全生产组织机构包括组织机构配置、安全责任人、人员分工等信息，提供上述信息的录入、删除、修改、查询等功能。安全生产制度管理包括水利行业相关的各类安全生产的制度，为其提供制度文档的录入、下载、删除、修改等管理功能。

（2）安全生产教育培训资料管理实现对安全生产教育电子资源的分类管理，包括文档录入、下载、删除、修改等管理功能。

（3）排查整改台账管理提供排查隐患台账的填报、审批、审核、查询等功能。

（4）事故报表管理提供事故报表的填报、审批、审核、查询等功能。

（5）安全生产标准化管理提供安全生产标准化信息的录入、删除、修改、查询功能。

（6）危险源辨识管理提供危险源辨识信息的录入、删除、修改，实现对危险源、风险点排查情况的登记管理。

（二）质量监督

质量监督包括质量监督制度管理、重点工程监督、涉河工程监督等功能。

（1）质量监督制度管理提供质量监督制度管理信息的录入、删除、修改功能，实现对质量监督制度的管理与查询。

（2）重点工程监督提供重点工程监督信息的录入、删除、修改；实现对重点水利工程建设和运行过程的监督管理，主要包括重点项目的监督书、监督计划、项目划分批复、监督检查、质量问题的整改台账，以及关键部位及重点隐蔽单元验收、分部验收、单位验收情况。

（3）涉河工程监督实现对涉河工程建设和运行过程的监督管理，主要包括对涉河建设项目的监督书、监督计划、项目划分批复、监督检查、质量问题整改台账，以及关键部位及重点隐蔽单元验收、分部验收、单位验收情况的管理。

（三）安全管理

安全管理包括设备等级评定、水闸安全鉴定、堤防安全评价和划界确权管理等功能。

（1）设备等级评定主要是对大中型水闸设备等级评定报告进行管理和查询。

（2）水闸安全鉴定主要是对水闸安全鉴定类别和水闸安全鉴定报告进行管理和查询。

（3）堤防安全评价主要是对堤防安全评价类别和堤防安全评价报告进行管理和查询。

（4）划界确权管理主要是对确权证书和划界图纸进行管理和查询。

（四）知识库

知识库提供文件的导入、导出、增加、删除、查询等功能；实现对安全与质量管理工作涉及的法律法规及规章、规范性文件、部门文件、水法规，以及工作经验、成功案例等各类资料的管理和共享应用。

第三节　移动应用

移动应用为河道管理、运行管理、水旱灾害防御以及日常办公等业务工作提供移动化支撑服务。结合实际功能需求以及日常管理需求，将工作中使用频率较高、核心的业务功能集成到移动终端，提高信息的传递、接收、处理的及时性与准确性。主要包括移动首页、移动巡查、基础信息等功能。

（1）移动首页主要包括待办任务、通知公告、工作安排、河道水情、运行工况、降水预报、实时视频、通信录等功能模块。

（2）移动巡查主要包括河道巡查、运行管理和防汛检查等三项，具体有日巡查、周检查、月复查、季督查、河道采砂管理、涉河建设项目监管、日常养护、养护修理、启闭运行记录、物资仓库管理、值班记录、水闸调度等常用功能。

（3）基础信息实现对大中型水闸工程、小型涵闸和堤防工程等基础信息的查询。

第四节　使用管理

一、权限分配

(1)省淮河局信息化管理部门为局机关各部门、局直单位分配各自系统管理员权限;系统管理员根据业务工作实际,为业务人员分配相应操作和维护权限;系统相关人员不得超权限开展工作。

(2)局机关各部门、局直各单位系统管理人员应加强业务人员权限管理,对岗位发生变动的业务人员,及时调整系统功能授权范围。

二、系统使用

(1)局机关各部门、局直各单位应充分利用系统资源,对河道、堤防、水闸等工程日常管理情况实现在线监管;积极推进各类检查电子台账的运用,逐步取消现有纸质记录本,可每月集中打印一次,每年集中一次整编归档。

(2)信息化系统使用过程中遇到问题,业务人员应及时与省淮河局相关业务部门联系,涉及系统功能优化事宜,由省淮河局业务部门提出优化事项,省淮河局信息化管理部门组织对系统进一步完善;涉及系统运行问题,由系统管理员向省淮河局信息化管理部门反馈。

(3)局机关各部门、局直各单位业务人员应定期校核系统数据的准确性,工程基础信息发生变化时,由系统管理员报省淮河局信息化管理部门联系修改,监测监控信息、管理信息等数据发生变化由各单位(部门)自行修改,数据更新应及时、完整。

(4)局机关各部门、局直各单位要将系统使用纳入日常工作内容和年度考核内容。

第五节　系统更新与完善

按照"统一标准、统一建设、统一维护"的原则,省淮河局信息化管理部门开展安徽省淮河河道管理信息化系统建设、管理与维护工作,局直各单位应根据实际情况,做好信息化软硬件设备的日常维护,及时反馈信息化使用过程中存在的问题和新的信息化应用需求,推动安徽省淮河河道管理信息化系统逐步更新、完善。

(1)每年汛前由省淮河局信息化管理部门组织信息化运维单位开展汛前检修,对需要更新的设备进行统计,省淮河局信息化管理部门统筹做好设备更新工作。

（2）局直各单位根据工作实际需求，向局业务部门提出信息化需求，局业务部门核实后于每年 6 月前报省淮河局信息化管理部门，局信息化管理部门确定相关技术参数，编报下一年度信息化系统完善计划。

（3）局直各单位在信息化系统更新、完善过程中，应充分利用其他单位已建信息化资源，在保证网络安全的前提下，局信息化管理部门负责数据接入共享。

第六节　　安全管理

省淮河局网络安全管理坚持"谁运行谁负责，谁使用谁负责"和"最小权限"的原则，省淮河局信息化管理部门负责网络安全的统一管理，局直各单位应按照省淮河局的统一部署积极开展网络安全工作。

（1）省淮河局信息化管理部门负责全局内网网络安全设备管理，及时升级、更新软硬件设施和数据，提高系统整体防御能力；定期组织开展安徽省淮河河道管理信息化系统等级测评和安全防护工作；督促局直各单位开展网络设备及其运行环境日常维护工作。

（2）局直各单位应加强接入内网设备的管理，在新设备接入内网前应提前向省淮河局报备，待同意后方可接入。严禁非专业人员、未经允许的前提下，将 U 盘、笔记本电脑等外联设施设备接入水闸现地控制层。

（3）安徽省淮河河道管理信息化系统使用人员应加强信息化系统和 VPN 账号、密码管理，增强密码强度，提高防护能力。

附录 A　水利工程标准化管理
评价办法及其评价标准

水利工程标准化管理评价办法

第一条　为加强水利工程标准化管理,科学评价水利工程运行管理水平,保障工程运行安全和效益充分发挥,依据《关于推进水利工程标准化管理的指导意见》,制定本办法。

第二条　水利工程标准化管理评价(简称标准化评价)是按照评价标准对工程标准化管理建设成效的全面评价,主要包括工程状况、安全管理、运行管护、管理保障和信息化建设等方面。

第三条　本办法适用于已建成运行的大中型水库、水闸、泵站、灌区、调水工程以及 3 级以上堤防等工程的标准化管理评价工作。其他水库、水闸、堤防、泵站、灌区和调水工程参照执行。

第四条　水利部负责指导全国水利工程标准化管理和评价,组织开展水利部标准化评价工作。

流域管理机构负责指导流域内水利工程标准化管理和评价,组织开展所属工程的标准化评价工作,受水利部委托承担水利部评价的具体工作。

省级水行政主管部门负责本行政区域内所管辖水利工程标准化管理和评价工作。

第五条　标准化评价按水库、水闸、堤防等工程类别,分别执行相应的评价标准。

泵站、灌区工程标准化评价按照《水利部办公厅关于印发大中型灌区、灌排泵站标准化规范化管理指导意见(试行)的通知》(办农水〔2019〕125 号)执行。调水工程评价标准另行制定。

第六条　省级水行政主管部门和流域管理机构应按照水利部确定的标准化基本要求,制定本地区(单位)水利工程标准化管理评价细则及其评价标准,评价认定省级或流域管理机构标准化管理工程。

第七条　水利部评价按照水利部评价标准执行,申报水利部评价的工程,需具备以下条件:

(一)工程(包括新建、除险加固、更新改造等)通过竣工验收或完工验收投入运行,工程运行正常;

(二)水库、水闸工程按照《水库大坝注册登记办法》和《水闸注册登记管理办法》的要求进行注册登记；

（三）水库、水闸工程按照《水库大坝安全鉴定办法》和《水闸安全鉴定管理办法》的要求进行安全鉴定，鉴定结果达到一类标准或完成除险加固，堤防工程达到设计标准；

（四）水库工程的调度规程和大坝安全管理应急预案经相关单位批准；

（五）工程管理范围和保护范围已划定；

（六）已通过省级或流域管理机构标准化评价。

第八条　水利部评价实行千分制评分。通过水利部评价的工程，评价结果总分应达到 920 分（含）以上，且主要类别评价得分不低于该类别总分的 85%。

第九条　省级水行政主管部门负责本行政区域内所管辖水利工程申报水利部评价的初评、申报工作。

流域管理机构负责所属工程申报水利部评价的初评、申报工作。

部直管工程由工程管理单位初评后，直接申报水利部评价。

第十条　申报水利部评价的工程，由水利部按照工程所在流域委托相应流域管理机构组织评价。流域管理机构所属工程，由水利部或其委托的单位组织评价。

第十一条　水利部和流域管理机构建立标准化评价专家库，评价专家组从专家库抽取评价专家的人数不得少于评价专家组成员的三分之二；被评价工程所在省（自治区、直辖市）或所属流域管理机构的评价专家不得担任评价专家组成员。

第十二条　通过水利部评价的工程，认定为水利部标准化管理工程，进行通报。

第十三条　通过水利部评价的工程，由水利部委托流域管理机构每五年组织一次复评，水利部进行不定期抽查；流域管理机构所属工程由水利部或其委托的单位组织复评。对复评或抽查结果，水利部予以通报。

省级水行政主管部门和流域管理机构应在工程复评上一年度向水利部提交复评申请。

第十四条　通过水利部评价的工程，凡出现以下情况之一的，予以取消。

（一）未按期开展复评；

（二）未通过复评或抽查；

（三）工程安全鉴定为三类及以下（不可抗力造成的险情除外），且未完成除险加固；

（四）发生较大及以上生产安全事故；

（五）监督检查发现存在严重运行管理问题；

（六）发生其他造成社会不良影响的重大事件。

第十五条　本办法由水利部负责解释。

第十六条　本办法自发布之日起施行。《水利工程管理考核办法》及其有关考核标准（2019 年修订发布，2021 年部分修改）同时废止。已通过水利部水利工程管理考核验收的，在达到规定复核年限前依然有效。

大中型水闸工程标准化管理评价标准

类别	项目	标准化基本要求	评价内容及要求	水利部评价标准	
				标准分	评价指标及赋分
一、工程状况（250分）	1.工程面貌与环境	①工程整体完好。②工程管理范围整洁有序。③工程管理范围绿化，水土保持良好	工程整体完好，外观整洁，工程管理范围整洁有序；工程管理范围绿化程度较高，水土保持良好，水质和水生态环境良好	25	①工程形象面貌较差，扣10分。②工程管理范围杂乱，存在垃圾杂物堆放问题，扣5分。③工程管理范围宜绿化区域绿化率60%～80%扣2分，低于60%扣5分。④管理范围存在水土流失现象，水生态环境差，扣5分
	2.闸室	①闸室结构（闸墩、底板、边墙等）及两岸连接建筑物安全，无倾斜、不均匀沉降等重大缺陷。②消能防冲及防排水设施运行正常	闸室结构（闸墩、底板、边墙等）及两岸连接建筑物安全，无倾斜、不均匀沉降等安全缺陷；消能防冲及防排水设施完整、运行正常；闸室结构表面无破损、露筋、剥蚀、开裂；闸室无漂浮物，上下游连接段无明显淤积	50	①闸室结构（闸墩、底板、边墙等）及两岸连接建筑物不安全，存在明显倾斜、开裂、不均匀沉降等重大缺陷，此项不得分。②消能防冲及防排水设施破损，影响正常运行，扣10分。③混凝土结构破损、露筋、剥蚀等，每处扣2分，最高扣10分；闸室结构存在贯穿裂缝，每处扣5分，最高扣20分。④闸室有成堆漂浮物，扣5分；闸室上下游连接段淤积明显，扣5分

续表

类别	项目	标准化基本要求	水利部评价标准		
			评价内容及要求	标准分	评价指标及赋分
一、工程状况（250分）	3.闸门	①闸门能正常启闭。②闸门无裂纹，无明显变形、卡阻，止水正常	闸门启闭顺畅，止水正常，表面整洁，无裂纹，无明显变形、卡阻、锈蚀，埋件、承载构件零部件无缺陷；止水装置密封可靠；吊耳无裂纹或锈损；按规定开展安全检测及设备等级评定；冰冻期间对闸门采取防冰冻清理措施	45	①闸门无法正常启闭，此项不得分。②闸门表面不整洁，扣5分；漏水严重，漏水效果差，漏水量重，扣10分。③门体存在变形、锈蚀、卡阻等缺陷，扣10分；④行走支承有缺陷，扣3分；埋件、承载构件变形，扣5分；吊耳存在裂纹或锈损，扣2分；⑤未按规定开展闸门安全检测及设备等级评定，扣5分；⑥冰冻期间未对闸门采取防冰冻措施，扣5分。
	4.启闭机及机电设备（250分）	①启闭设施完好，运行正常。②机电设备运行正常，指示准确	启闭设备整洁，启闭机运行顺畅，无锈蚀、漏油，钢丝绳等，螺杆或限位装置部件等无异常，保护或限位装置有效，运行正常，按规定对电气设备、避雷设施、接地等进行定期检验，线路整齐，牢固，标注清晰，无安全隐患；按规定开展安全检测及设备等级评定；备用电源可靠	45	①启闭设施或机电设备无法正常运行，此项不得分。②启闭机有明显锈蚀或装置严重扣油，严重扣5分；漏油严重，扣5分；保护或限位装置安装不到位，扣5分；钢丝绳有断丝、螺杆有弯曲或缠绕厚度等严重不满足规范要求，扣5分；螺杆有弯曲或启闭机房开裂、漏水、环境卫生差等，扣5分。③电气设备、指示仪表、避雷设施、接地设施、接地等未定期检验，扣5分；线路凌乱，松动，标注不清晰，扣5分。④未按规定开展设备安全检测及设备等级评定，扣5分。⑤备用电源未按有关规定维护，扣5分。
	5.上下游河道和堤防	①河道无影响运行安全的严重冲刷或淤积。②两岸堤防完整规整	上下游河道无明显淤积或冲刷，两岸堤防完整、完好	40	①管河范围内上下游河道冲刷或淤积严重，影响运行安全，扣20分；冲刷或淤积明显，尚不影响运行安全，扣10分。②两岸堤防存在渗漏，塌陷，开裂等现象，每个缺陷扣5分，最高扣20分

续表

类别	项目	标准化基本要求	评价内容及要求	水利部评价标准	
				标准分	评价指标及赋分
一、工程状况（250分）	6.管理设施	①雨水情测报、安全监测设施满足运行管理要求。②防汛道路、通信条件、电力供应满足防汛抢险要求	雨水情测报、安全监测、视频监视、警报设施、防汛道路、通信条件、电力供应、管理用房满足防汛抢险要求	30	①雨水情测报、安全监测设施设置不足，扣10分。②视频监视、警报设施设置不足，稳定性、可靠性存在缺陷，扣5分。③防汛道路状况差、通信条件不可靠、电力供应不稳定，扣10分。④管理用房存在不足，扣5分。
	7.标识标牌	①设置有责任人公示牌。②设置有安全警示标牌	工程管理区域内设置必要的工程简介牌、责任人公示牌、安全警示标牌等标牌，内容准确清晰，设置合理	15	①工程简介、保护要求、宣传标识错乱、模糊，扣5分。②责任人公示牌内容不实、损坏模糊，扣5分。③安全警示标牌布局不合理、埋设不牢固，扣5分。
二、安全管理（230分）	8.注册登记	按规定完成注册登记	按照《水闸注册登记管理办法》完成注册登记；登记信息完整准确，更新及时	30	①未按规定注册登记，此项不得分。②注册登记信息不完整、错误问题等，扣20分。③注册登记信息变更不及时，信息与工程实际存在差异，扣10分。
	9.工程划界	①工程管理范围完成划定，完成公告并设界桩。②工程保护范围和保护要求明确	按照规定划定工程管理范围和保护范围，管理范围设有界桩（实地桩或电子桩）和公告牌，保护范围围和保护要求明确；管理范围内土地使用权属明确	35	①未完成工程管理范围划定，此项不得分。②工程管理范围界桩和公告设置不合理、不齐全，扣10分。③工程保护范围划定50%扣10分，未划定扣15分。④土地使用征用证领取率不足60%，每低10%扣2分，最高扣10分

续表

类别	项目	标准化基本要求	评价内容及要求	水利部评价标准	
				标准分	评价指标及赋分
二、安全管理 (230分)	10. 保护管理	①开展水事巡查工作,处置发现问题,做好巡查记录。②工程管理范围内无违规建设行为,工程保护范围内无危害工程运行安全的活动	依法开展工程管理范围和保护范围巡查,发现水事违法行为予以制止,并做好调查取证,及时上报,配合查处工作,工程管理范围内无违规建设行为,工程保护范围内无危害工程安全活动	25	①未有效开展水事巡查工作,巡查不到位,记录不规范,扣5分。②发现问题未及时有效制止,调查取证、报告投诉,配合查处不力,扣5分。③工程管理范围内存在违规建设行为或危害工程安全活动,扣10分;工程保护范围内存在危害工程安全活动,扣5分
	11. 安全鉴定	①按规定开展安全鉴定。②鉴定发现问题落实处理措施	按照《水闸安全鉴定管理办法》及《水闸安全评价导则》(SL 214—2015)开展安全鉴定;鉴定成果用于指导水闸的安全运行和管理和除险加固、更新改造	50	①未在规定期限内开展安全鉴定,此项不得分。②鉴定承担单位不符合规定,扣20分。③鉴定成果未用于指导水闸安全运行、更新改造和除险加固等,扣15分。④未次安全鉴定中存在的问题,整改不到位,有遗留问题未整改,扣15分
	12. 防汛管理	①有防汛抢险应急预案并演练。②有必要防汛物资。③预警、预报信息畅通	防汛组织抢险应急预案和防汛应急开展方案落实并演练;配备必要的抢险工具,器材汛前检查,明确大宗防汛物资存放方式和调运线路,物资管理资料完善,预警、预报信息畅通	40	①防汛组织体系不健全,防汛责任制不落实,扣10分。②无防汛应急预案,扣10分;应急预案编制质量差,可操作性不强,未开展演练,扣5分;防汛抢险队伍组织、人员、任务、培训未落实,扣5分。③未开展汛前检查,扣5分。④抢险工具、器材配备不完善,大宗防汛物资存放方式或调运线路不明确,扣3分;物资管理资料不完善,扣2分。⑤预警、报讯、调度体系不完善,扣5分

续表

类别	项目	标准化基本要求	评价内容及要求	水利部评价标准	
				标准分	评价指标及赋分
二、安全管理(230分)	13.安全生产	①落实安全生产责任制。②开展安全生产隐患排查治理,建立台账记录。③编制安全生产应急预案并开展演练。④1年内无较大及以上安全生产事故	安全生产责任制落实,定期开展安全生产隐患排查治理,排查治理记录规范;开展安全生产宣传和培训,安全设施及器具配备齐全并定期检验,安全警示标识,危险源辨识牌等设置规范;编制安全生产应急预案并完成报备,开展演练;1年内无较大及以上生产安全事故	50	①1年内发生较大及以上生产安全事故,此项不得分。②安全生产责任落实不到位,制度不健全,扣10分。③安全生产隐患排查不及时,隐患整改治理不彻底,台账记录不规范,扣10分。④安全设施及器具配备具不齐全,未定期检验,危险源辨识牌设置或不能正常使用,安全警示标识不规范,扣5分。⑤安全生产应急预案未编制,未报备,扣5分。⑥未按要求开展安全生产宣传、培训和演练,扣5分。⑦3年内发生一般及以上生产安全事故,扣15分
三、运行管护(240分)	14.管理细则	制定有关技术管理实施细则	结合工程具体情况,及时制定完善水闸技术管理实施细则(如工程巡视检查和安全监测制度,工程调度运用制度,闸门启闭机操作规程,工程维修养护制度等),内容清晰,要求明确	30	①未制定管理实施细则,此项不得分。②细则内容不完善,扣10分。③未及时修订技术管理实施细则,扣10分。④细则针对性、可操作性不强,扣10分

续表

类别	项目	标准化基本要求	评价内容及要求	水利部评价标准	
				标准分	评价指标及赋分
三、运行管护（240分）	15. 工程巡查	①开展工程巡查。②做好巡查记录,发现问题及时处理	按照《水闸技术管理规程》(SL 75—2014)开展日常检查和特别检查,巡查路线、频次符合要求,记录规范,发现问题处理及时到位	40	①未开展工程巡查,此项不得分。②巡查不规范,巡查路线、频次和内容不符合规定,扣15分。③巡查记录不规范、不准确,扣10分。④巡查发现问题处理不及时,不到位,扣15分。
	16. 安全监测	①开展安全监测。②做好监测数据记录、整编,分析工作	按照《水闸安全监测技术规范》(SL 768—2018)要求开展安全监测,监测项目、频次符合要求,数据可靠,记录完整,资料整编分析有效;定期开展监测设备校验和比测	40	①未开展安全监测,此项不得分。②监测项目、频次、记录等不规范,扣15分。③缺测严重、数据可靠性差,整编分析不及时,扣15分。④监测设施考证资料缺失或者不可靠,未定期对自动化监测项目进行人工比测,扣10分。
	17. 维修养护	①开展工程维修养护。②有维修养护记录	按照有关规定开展维修养护,制订维修养护计划,实施维修养护到位,工作记录规范,加强项目实施过程管理和验收,项目资料齐全	40	①未开展维修养护,此项不得分。②维修养护不及时、不到位,扣15分。③未制订维修养护计划,实施维修过程不规范,未按计划完成,扣10分。④维修养护工作验收标准不明确,过程管理不规范,验收不及时,扣5分。⑤大修项目无设计、无审批,验收不及时,扣5分。⑥维修养护记录缺失或混乱,扣5分。

续表

类别	项目	标准化基本要求	评价内容及要求	水利部评价标准	
				标准分	评价指标及赋分
三、运行管护（240分）	18.控制运用	①有按规定批复或备案的水闸控制运用计划或调度方案。 ②调度运行计划和指令执行到位。 ③有调度运用记录	有水闸控制运用计划或调度方案并按规定申请批复或备案；按控制运用计划或调度指令组织实施，并做好记录	~50	①无水闸控制运用计划或调度方案，此项不得分。 ②控制运用计划或调度运用计划或调度权限不清晰，扣5分；修订不及时，调度指标和调度方式变动未履行程序，扣10分。 ③未按计划或调度指令实施水闸控制运用，扣15分；调度过程记录不完整、不规范，不履行程序，扣5分
	19.操作运行	①有闸门及启闭设备操作规程，并明示。 ②操作流程规范，有操作记录	按照规定编制闸门及启闭设备操作规程，并明示；根据工程实际，编制详细的操作手册，内容应包括闸门启闭机、机电设备等操作流程等；严格按规程和调度指令操作运行，操作人员固定，定期培训，无人为事故；操作人员固定；操作记录规范	40	①无闸门及启闭设备操作规程，此项不得分。 ②操作规程未明示，扣5分；未按规程进行操作，扣15分；操作人员不固定，不能定期培训，扣5分。 ③有记录不规范，无负责人签字或别人代签，扣5分；操作完成后，未按要求及时反馈操作结果，每发现一次扣1分，最高扣5分。 ④未编制详细操作手册，扣5分

续表

类别	项目	标准化基本要求	水利部评价标准		
			评价内容及要求	标准分	评价指标及赋分
四、管理保障（180分）	20.管理体制	①管理主体明确，责任落实到人。②岗位设置和人员满足运行管理需要	管理体制顺畅，权责明晰，责任落实；管护机制健全，岗位设置合理，人员满足工程管理需要；管理单位有职工培训计划并按计划落实	35	①管理体制不顺畅，扣10分。②管理机构不健全，岗位设置与职责不清晰，扣10分。③运行管护机制不健全，未实现管养分离，扣10分。④未开展业务培训，人员专业技能不足，扣5分
	21.标准化管理工作手册	编制标准化管理工作手册，满足运行管理需要	按照有关标准及文件要求，编制标准化管理工作手册，细化到管理事项、管理程序和管理岗位，针对性和执行性强	20	①未编制标准化管理工作手册，此项不得分。②标准化管理工作手册编制质量差，不能满足相关标准及文件要求，扣10分。③标准化管理工作手册未细化，针对性和可操作性不强，扣5分。④未按标准化管理工作手册执行，扣5分
	22.规章制度	管理制度满足需要，明示关键制度和规程	建立健全并不断完善各项管理制度，内容完整，要求明确，按规定明示关键制度和规程	30	①管理制度不健全，扣10分。②管理制度针对性和操作性不强，落实或执行效果差，扣10分。③闸门操作等关键制度和规程未明示，扣10分

续表

类别	项目	标准化基本要求	评价内容及要求	水利部评价标准	
				标准分	评价指标及赋分
四、管理保障（180分）	23. 经费保障	①工程运行管理经费和维修养护经费满足工程管护需要。②人员工资足额兑现	管理单位运行管理经费和工程维修养护经费及时足额保障，满足工程管护需要，来源渠道畅通稳定，财务管理规范，人员工资按时足额兑现，福利待遇不低于当地平均水平，按规定落实职工养老、医疗等社会保险	45	①运行管理、维修养护费用不能及时足额到位，扣20分。②运行管理、维修养护经费使用不规范，扣10分。③人员工资不能按时发放，福利待遇低于当地平均水平，扣10分。④未按规定落实职工养老、医疗等社会保险，扣5分
	24. 精神文明	①基层党建工作扎实，领导班子团结。②单位秩序良好，职工爱岗敬业	重视党建工作，注重精神文明和水文化建设，管理单位内部秩序良好，领导班子团结，职工爱岗敬业，文体活动丰富	20	①领导班子成员受到党纪政纪处分，且在影响期内，此项不得分。②上级主管部门对单位领导班子的年度考核结果不合格，扣10分。③单位秩序一般，精神文明和水文化建设不健全，扣10分
	25. 档案管理	①档案有集中存放场所，档案管理人员落实，档案设施完好。②档案资料规范齐全，存放管理有序	档案管理制度健全，配备档案管理人员；档案设施完好，各类档案分类清楚，存放有序，管理规范，档案管理信息化程度高	30	①档案管理制度不健全，管理不规范，设施不足，扣10分。②档案管理人员不明确，扣5分。③档案内容不完整，资料缺失，扣10分。④工程档案信息化程度低，扣5分

续表

类别	项目	标准化基本要求	评价内容及要求	水利部评价标准	
				标准分	评价指标及赋分
五、信息化建设（100分）	26.信息化平台建设	①应用工程信息化平台。②实现工程信息动态管理	建立工程管理信息化平台，实现工程在线监管和自动化控制；工程信息及时动态更新，与水利部相关平台实现信息融合共享，上下贯通	40	①未应用工程信息化平台，此项不得分。②未建立工程管理信息化平台，扣10分。③未实现在线监管或监管自动化控制，扣10分。④工程信息不全面，不准确，或未及时更新，扣10分。⑤工程信息未与水利部相关平台实现信息融合共享，扣10分。
	27.自动化监测预警	①监测监控基本信息录入平台。②监测监控出现异常时及时采取措施	雨水情，安全监测，视频监控等关键信息接入信息化平台，实现动态管理；监测监控数据异常时，能够自动识别险情，及时预报预警	30	①雨水情，安全监测，视频监控等关键信息未接入信息化平台，扣10分。②数据异常时，无法自动识别险情，扣10分。③出现险情时，无法及时预报预警，扣10分。
	28.网络安全管理	制定并落实网络平台管理制度	网络平台安全管理制度体系健全；网络安全防护措施完善	30	①网络平台安全管理制度体系不健全，扣10分。②网络安全防护措施存在漏洞，扣20分。

附录 B　水闸管理常用表格

B.1　控制运用相关记录表

工程调度记录

工程名称					
时间	发令人	接受人	执行内容	执行情况	备注

水闸值班记录

工程名称		时间	年　月　日	天气	
值班记录情况：					
				值班人员：	
交接班记录： 1.工程运行情况： 2.需交接的其他情况： 交班人：　　　接班人：　　　　　　　　交接时间：　　时　分					

闸门启闭记录

工程名称			第　号	时间	年　月　日	天气	

闸门启闭依据							

	项目	执行内容	执行情况
闸门启闭准备	确定开闸孔数和开度	根据"始流时闸下安全水位-流量关系曲线""闸门开高-水位-流量关系曲线"确定下列数值： 开闸孔数：　孔　　闸门开度：　m 相应流量：　m³/s	
	开闸预警	预警方式(拉警报、电话联系、现场喊话)、预警时间	
	上下游有无漂浮物	是否有,有何物,到闸门口距离等,如何处理,结果如何	
	送配电		

闸门启闭情况	闸门启闭时间		时　　分起至　　时　　分止	
	闸孔编号			
	启闭顺序			
	闸门开高/m	启闭前		
		启闭后		

水位/m	启闭前	上游	下游
	启闭后	上游	下游

流态、闸门振动等情况	

启闭后相应流量：　　m³/s

发现问题及处理情况	

闸门启闭现场负责人：　　　　　　　　　　操作人/监护人：

柴油发电机运行记录

工程名称					时间		年　月　日	
开机起止时间		日　　时　　分起至　　日　　时　　分止						
用途								
项目类别		冷却温度	机油压力	交流电压	交流电流	直流电压	直流电流	功率因数	频率或传递
开机后	时　　分								
	时　　分								
	时　　分								
	时　　分								
	时　　分								
	时　　分								
本次运转时间		时　　　　分			累计运转时间		时　　　　分	
柴油检查				机油检查				
值班机工				值班电工				
发现问题及处理意见								
记录：　　　　　　　　　　校核：								

配电设备操作记录

工程名称			时间	年　月　日	
停电操作			送电操作		
停电操作原因			送电操作原因		
分照明负荷开关			合高压跌落式熔断器		
分照明隔离刀闸			合低压隔离刀闸		
分动力负荷开关			合低压进线开关		
分动力隔离刀闸			合双掷开关		
分双掷开关			合动力隔离刀闸		
分低压进线开关			合动力负荷开关		
分低压隔离刀闸			合照明隔离刀闸		
分高压跌落式熔断器			合照明负荷开关		
停电操作时间： 　月　日　时　分			送电操作时间： 　月　日　时　分		
操作人			操作人		
监护人			监护人		
安全措施					
备注					

B.2　工程检查相关记录表

水闸日巡查记录表

水闸名称：　　　　　　　　　　　　　　　　　　　　日期：

巡查内容	检查及处理情况
工程设施 完好情况	
闸门位置、 有无振动	
过闸水流 形态	
闸区环境 卫生情况	
自动监控系统仪表、 显示器指示 显示是否正常	
违章情况	
其他	

检查人签字：

水闸周检查记录表

水闸名称： 日期：

项目内容	检查及处理情况
工程设施完好情况	
闸门所处位置	
过闸水流形态	
闸区环境卫生情况	
违章情况	
闸门封水情况	
上、下游漂浮物	
机房封闭情况	
机体养护情况	
机房内保洁	
电气设备工况	
计算机自控监测系统工况	
其他	

单位技术负责人签字： 检查人签字：

水闸定期检查记录表
（土建工程）

类别	名称	检查内容	存在主要问题	处理情况	签名/日期
土方工程	岸(翼)墙	填土有无跌窝、陷洞、积水；墙顶有无堆重物			
	引河岸坡	有无水土流失，有无塌岸、滑坡现象			
	堤防(坝)	有无雨淋沟、塌陷、裂缝、滑坡及渗漏现象；有无白蚁、鼠穴、獾洞等；排水系统、导渗设施、减压设施有无损坏、堵塞、失效；堤闸连接处有无渗漏现象			
	河床	冲刷、淤积情况			
石方工程	闸墩及拱圈	有无断裂、错位、倾斜、滑动，有无勾缝脱落			
	翼(挡土)墙	墙身有无倾斜、错动或断裂；砌缝有无风化剥落；墙身是否渗水，墙基有无冒水、冒砂现象			
	干(浆)砌护坡	有无松动、塌陷、隆起、底部淘空、垫层散失及人为破坏			
	干(浆)砌护底	有无冲毁及人为破坏；底部有无淘空；干砌护底有无塌陷、隆起，浆砌护底有无裂缝、错位			
混凝土工程	闸室	闸墩、底板、胸墙有无裂缝、腐蚀、露筋、混凝土剥落等表面缺陷；钢筋锈蚀情况；伸缩缝变化情况；止水是否拉坏，填料有无流失			
	三桥	大梁有无裂缝、露筋、混凝土剥落等表面缺陷；混凝土碳化情况；钢筋锈蚀情况；路面是否完好；栏杆是否完整；排水是否畅通			
	防渗排水	铺盖有无裂缝、塌陷；钢筋锈蚀情况；伸缩缝止水情况；冒水孔及减压井出水情况			
	消能防冲	护坦、消力池有无裂缝；冲刷磨损情况；钢筋锈蚀、分缝错位及止水情况			
	连接建筑物	岸墙、翼墙、挡土墙有无裂缝；有无倾斜、变位；伸缩缝是否错位，止水是否完好；钢筋锈蚀情况；排水孔是否堵塞，墙顶有无堆重物			
房屋	启闭机房及管理房	屋顶是否漏水，墙体是否开裂、倾斜、渗水，门窗是否齐全、封闭情况；环境卫生情况			

单位负责人：   单位技术负责人：

水闸定期检查记录表 (闸门)

类别	名称	检查内容	存在主要问题	处理情况	签名/日期
承重部分	面板	钢板锈蚀、变形情况,有无焊缝开裂或螺栓、铆钉松动现象;钢筋混凝土门钢筋锈胀及混凝土剥落、开裂情况,混凝土碳化情况			
	梁系	钢材锈蚀、变形情况,有无焊缝开裂或螺栓、铆钉松动现象;钢筋混凝土门钢筋锈胀及混凝土剥落、开裂情况,混凝土碳化情况			
	支臂杆	钢材锈蚀情况,是否变形、损伤,有无焊缝开裂或螺栓、铆钉松动现象,有无脱焊现象			
	吊座	锈蚀情况,吊耳板是否变形,吊座焊缝有无开裂,门叶及吊座连接是否可靠,穿心吊杆及吊座与门体连接螺栓是否松动			
行走支承系统	主、侧滚轮	滚轮、轮座锈蚀情况,轮缘磨损程度,滚轮是否锈死,轴套磨损情况,加油润滑状况			
	滑道滑块	磨损程度,滑块与门叶连接是否牢固			
	铰链、铰座	铰链、铰轴的锈蚀、磨阻情况,加油设施是否完好,启闭时有无异常响声,止轴板螺栓有无松动、剪断			
	门槽	主、侧轨道锈蚀、磨损情况;轨道是否平直;槽内有无碎石、杂物,有无卡阻现象			
门叶止水	止水座	锈蚀、变形情况,连接是否牢靠			
	止水	橡皮磨损、老化情况,有无撕裂现象,与门槽、底板及门楣配合情况,封水效果			
	压板铁	锈蚀情况,连接情况			
防腐涂层	涂料涂层	涂料是否出现剥落、鼓泡、龟裂、明显粉化等老化现象			
	金属涂层	涂层覆盖面锈蚀情况			

单位负责人:　　　　　　　　　　　　　　　　单位技术负责人:

水闸定期检查记录表(启闭机)

类别	名称	检查内容	存在主要问题	处理情况	签名/日期
机体部分	减速器	齿轮啮合情况,有无开裂断齿现象,齿轮箱有无漏油,运转时有无异常响声			
	轴及联轴器	传动轴有无变形,联轴器安装是否准确、牢固,是否有窜动现象			
	制动器	刹车制动轮、瓦表面有无油污水分,电磁刹车退程间隙及接触面是否合格,动作是否灵活可靠,紧固件是否牢固,限位装置是否可靠			
	轴承	磨损润滑情况,滑动轴承的轴瓦、轴颈有无划痕或拉毛,轴与轴瓦配合间隙是否符合规定,滚动轴承的滚子及其配件有无损伤、变形或严重磨损			
	润滑系统	油杯是否齐全,注油孔是否堵塞,油箱油位是否正常,有无漏油现象,油料是否变质,各部位润滑情况			
	手摇机构	摇把是否齐全并妥善保管,手电转换装置是否灵活可靠			
	护罩	密封情况,锈蚀情况,移动是否灵活			
	油压传动部分	高压油泵工况,油缸、液压件是否漏油,油箱油槽油位是否正常,油质是否符合要求,油管及接头是否堵塞,液压阀件工作是否正常			
起吊部分	钢丝绳	锈蚀断丝情况,有无扭转打结现象,通过各滑轮间有无压边及偏角过大情况,有无掉槽现象,绳夹个数及间距是否符合要求,压板是否松动,是否定期清洗保养并涂抹防水油脂养护情况			
	螺杆	变形情况,涂油保护情况			
	吊头	锈蚀情况,与门体连接是否可靠			

单位负责人:　　　　　　　　　　　　　　　　　　　单位技术负责人:

水闸定期检查记录表
(电气设备及自动监控系统)

类别	名称	检查内容	存在主要问题	处理情况	签名/日期
电气设备	线路	线路是否畅通,接头连接是否良好,有无漏电、短路、断路、虚连等现象,架空线路有无故障			
	操作保护设备	开关箱内是否整洁,操作设备触点是否良好,仪表是否准确,保险丝有无合格备件,线路接头是否可靠,表面有无油污灰尘,主令控制器及限位装置是否定位准确可靠,触点有无烧毛现象,接地是否符合要求			
	电动机	轴承是否损坏,绕阻绝缘是否老化,接线螺栓是否松动、烧伤,相间绝缘电阻是否合格,接地是否符合要求,外壳是否无尘、无污、无锈			
	变压器	设备外表是否清洁,油位是否正常,有无漏油、渗油现象,线圈绝缘电阻是否符合规定,避雷设施是否符合要求			
	备用电源	部件有无损毁,油、气、水、电路是否保持畅通不漏水、不渗油;运行是否正常,是否能随时投入运行			
	避雷设施	避雷设施上是否有低压线、广播线及通信线,避雷针及引下线锈蚀情况,支持物是否完好,接地电阻是否符合要求,是否进行定期检验			
	照明设备	照明设备是否完整、整洁,是否有应急照明设备			
自动监控系统	视频监视系统	摄像头是否清洁无污物,画面是否清晰。云台、变焦工作、监控系统通信是否正常			
	自动监测系统	触摸屏、仪表、按钮等安装是否牢固,接线是否可靠;柜体是否整洁、完好;显示数据是否正常;传感器数据采集是否准确			
	自动控制系统	PLC运行指示灯有无异常,各插件有无松动;开度显示仪数值显示是否准确,限位开关是否灵活可靠;LCU柜内温度是否过高,通风风扇是否故障。监控窗口各主菜单有无异常,数据库是否进行正常备份			

单位负责人:　　　　　　　　　　　　　　　　单位技术负责人:

水闸定期检查记录表(工程安全设施)

类别	名称	检查内容	存在主要问题	处理情况	签名/日期
观测设施	测压管	完好情况,灵敏度是否合格			
	伸缩缝标点	完好情况			
	水尺	是否完好,刻度是否清晰、准确			
	水准基点及位移标点	是否完好,有无扰动			
交通通信	道路	是否畅通,有无损毁和积水现象			
	防汛车辆	车辆状况是否良好			
	通信设施	有线、无线通信是否可靠,网络运行是否正常			
安全设施	道路警示标识	道路是否有限速、限载等警示标志,标志是否完好			
	消防设施	生产、办公区域内是否配置消防栓、灭火器等,灭火器种类、数量是否按规定配置、是否在有效期内			
防汛物料	事故检修门	锈蚀情况,止水是否完整,与门槽配合是否良好,起吊设施是否完好			
	防汛工器具	有无必要的防汛抢险工具、器材、设备完好情况			
	防汛备料	防汛备料品种、数量和保管情况			
工程保护	违章建筑	管理范围内有无新的违章建筑物、构筑物			
	违章活动	管理范围内有无爆破、炸鱼、取土、埋葬、建窑,倾倒和排放污染物;桥面有无超载车辆通行;管理范围内有无船只停放;滩地是否出现新设置砂场以及有无损毁、破坏工程设施及绿化现象			

单位负责人:　　　　　　　　　　　　　　　　单位技术负责人:

水闸定期检查记录表
（其他）

类别	名称	检查内容	存在主要问题	处理情况	签名/日期
绿化工程	林木	成活率、保有率,病虫害防治情况			
	草坪	覆盖率、纯度、整齐度,病虫害情况			
	绿篱花卉	生长情况,病虫害情况,修剪或施肥情况			
其他					

单位负责人：　　　　　　　　　　　　　　　　　单位技术负责人：

水下检查记录表

工程名称		时间	年　月　日
检查部位	检查内容与要求		检查情况及存在的问题
闸室	闸门前后淤积情况,门槽有无树根、块石等杂物,杂物应予清除		
伸缩缝	有无错缝,缝口有无破损,填料有无流失		
底板、护坦、消力池	混凝土有无剥落、露筋、裂缝,有无异常磨损;消力池有无块石,块石应予清除		
水下护坡	有无塌陷		
其他			
意见或建议			
建筑物运行状态及水文、气象情况	上游水位:　　m　下游水位:　　m　风向:　　风力: 天气:　　　　气温:　　℃		
作业时间	自　　时　　分起至　　时　　分止		
作业人员	信号员:　　　　记录员:　　　　潜水班负责人: 潜水员:　　　　其他有关人员:		
管理单位负责人:　　　　　　技术负责人:			

B.3　工程观测相关记录表

测压管水位观测成果表

孔号：　　　　　　　　　　　　　　　　　　　　　孔口高程：

月	日	时	孔口到水面高度/m	测压管水位高程/m	水位/m			天气	说明
					时间	闸上	闸下		
⋮									

注：自动观测的，可删除"孔口到水面高度"列。

垂直位移观测成果表

观测时间：

测点		始测高程	观测日期		两次观测沉降量变化/mm	累计沉降量/mm	说明
部位	编号		上次	本次			
			高程/m	高程/m			

注：表中沉降量"+"为下沉(省略)，"−"为上升。

垂直位移累计变化统计表

部位	最大累计位移量			相邻部位最大不均匀量		
	测点编号	数值/mm	历时/年	相邻两测点部位、编号	数值/mm	历时/年
闸墩						
翼墙						
⋮						

垂直位移两期间变化统计表

部位	平均变化量/mm	两期间最大位移量		相邻部位最大不均匀量	
		测点编号	数值/mm	相邻两测点部位、编号	数值/mm
闸墩					
翼墙					
⋮					

××闸河道横断面基点考证表

水闸名称	点名	坐标/m		高程/m	说明
		X	Y		

监测固定代表性断面坐标统计表

水闸名称	断面号	断面线起点/m		断面线终点/m	
		X	Y	X	Y

监测固定代表性断面基点统计表

水闸名称	断面号	断面基点/m			说明
		X	Y	高程	

B.4　安全管理相关记录表

水事活动巡查记录

单位名称：　　　　　　　　　　　　　　　　　　　　编号：

巡查日期	
巡查人员签名	
巡查地段	
巡查内容	
存在问题及处理意见	

涉河建设项目管理巡查记录及整改意见表

项目名称			
建设地点			
建设单位		开工时间	
施工单位			
巡查单位		巡查日期	
巡查人员			
巡查情况			
存在问题			
处理意见			
巡查单位及参加人员(签名)			
被巡查单位及参加人员(签名)			
备注			

填表人：

安全生产全年工作安排一览表

序号	工作内容	时间	备注
1	元旦期间安全生产工作	元旦前后	
2	春节期间安全生产工作	春节前后	
3	汛前安全生产大检查	4月	
4	防汛工作	汛期	
5	五一国际劳动节期间安全生产工作	五一国际劳动节前后	
6	"安全生产月"活动计划(方案)	5月25日前	
7	"安全生产月"活动	6月	
8	"安全生产月"活动总结	6月25日前	
9	国庆节期间安全生产工作	国庆节前后	
10	汛后安全生产大检查	10月	
11	冬季安全生产工作	11月至次年2月	
12	年度安全生产工作计划、总结	12月10日前	
13	年度安全资料汇编成册	12月底	
14	安全组织机构人员调整,制度修订	随时	
15	新(转岗)职工岗前安全培训(教育)	随时	
16	施工工地安全生产工作情况(组织网络、安全措施、检查情况)	随时	
17	安全信息报道	随时	
18	特种设备注册、检测及特种作业人员持证上岗情况登记	随时	
19	安全月报	每月25日前	
20	安全生产活动	每月1次以上	
21	安全生产检查	每月1次以上	
22	月度安全生产工作计划、总结	每月25日	

安全生产活动记录表

活动主题			
活动时间		活动地点	
参加人员			
主持人		记录人	
活动内容			
活动效果			

_____年_____月事故隐患排查治理统计分析表

隐患	序号	隐患名称	检查日期	发现隐患的人员	隐患评估	整改措施	计划完成日期	实际完成日期	整改负责人	复验人	未完成整改原因	采取的监控措施
本月查出隐患												
本月前发现隐患												

本月查出隐患　项,其中本单位自查出　项,隐患自查率　%;本月应整改隐患　项,实际整改合格　项,隐患整改率　%

单位领导(签字):　　　　　　　　　　　　填表人(签字):

安全事故登记表

事故部位				发生时间		
气象情况				记录人		
伤害人姓名	伤害程度	工种及级别	性别	年龄		备注
事故经过及原因						
经济损失	直接			间接		
处理结果						
预防事故重复发生的措施						

应急预案演练记录

演练内容			
演练时间		演练地点	
负责人		记录人	
参加人员			
演练方案			
演练总结			

设备等级评定情况表

工程名称		工程规模			竣工日期			
					改造日期			
单位设备名称	等级	单项设备名称	规格	数量	等级			完好率/%
评级情况综述								
评级组织	评级单位自评： 负责人： 组成人员：			上级主管部门认定： 负责人： 认定人员：				

_____(工程名)_____平面闸门(含滑动、定轮)设备管理等级评定表

单位工程	名称		单项设备	名称		数量	
	等级			等级		规格	

评级单元	评定项目	项目等级			单元等级		
		一	二	三	一类	二类	三类
1. 检修规程及检修记录	检修规程及其内容						
	检修记录及其内容						
2. 闸门外观及运行环境	闸门外观						
	闸门前后水面环境						
	门槽、轨道环境						
	闸门埋件周边混凝土						
	闸门及附属件摆放						
3. 闸门防腐蚀状况	定期防腐蚀						
	闸门表面涂层						
	闸门表面锈蚀面积						
	闸门表面锈蚀坑点						
4. 闸门门叶	门叶整体结构						
	梁系结构						
	闸门焊缝						
	连接螺栓						
	闸门吊耳						
	多节闸门节间连接						
5. 行走支承装置	闸门主轮						
	闸门滑道						
	闸门侧轮和反轮						
	转动部件润滑						

续表

单位工程	名称		单项设备	名称		数量	
	等级			等级		规格	

评级单元	评定项目	项目等级			单元等级		
		一	二	三	一类	二类	三类
6. 止水装置	止水橡皮						
	止水压板和螺栓						
7. 充水装置	止水严密,运行平稳						
	阀体结构						
	阀体与闸门的连接						
8. 锁定装置	安全可靠,操作方便						
	变形和损伤						
	两侧受力均匀						
9. 闸门埋件	埋件外观						
	埋件工作面						
	埋件外露表面防腐蚀						
	埋件与混凝土间无渗水						
10. 闸门运行情况	止水严密						
	闸门挡水时无明显振动						
	启闭平稳,无异常						
11. 安全防护	安全通道、扶手栏杆、爬梯						
	防护栏杆						
	通气孔						
	防冰冻设施						

_____(工程名)_____拦污栅(含滑动、定轮)设备管理等级评定表

单位工程	名称		单项设备	名称		数量	
	等级			等级		规格	

评级单元	评定项目	项目等级			单元等级		
		一	二	三	一类	二类	三类
1.检修规程及检修记录	检修规程及其内容						
	检修记录及其内容						
2.外观及运行环境	外观						
	门槽、轨道环境						
	埋件周边混凝土						
3.防腐蚀状况	定期防腐蚀						
	表面涂层						
4.栅体	整体结构						
	焊缝						
	连接螺栓						
	吊耳						
	节间连接						
5.行走支承装置	主轮、滑道						
	侧轮和反轮						
	转动部件润滑						
6.埋件	埋件外观						
	埋件工作面						
	埋件外露表面防腐蚀						

_____（工程名）_____弧形闸门设备管理等级评定表

单位工程	名称		单项设备	名称		数量	
	等级			等级		规格	

评级单元	评定项目	项目等级			单元等级		
		一	二	三	一类	二类	三类
1. 检修规程及检修记录	检修规程及其内容						
	检修记录及其内容						
2. 闸门外观及运行环境	闸门外观						
	闸门前后水面环境						
	门槽、轨道环境						
	闸门埋件周边混凝土						
	闸门及附属件摆放						
3. 闸门防腐蚀状况	定期防腐蚀						
	闸门表面涂层						
	闸门表面锈蚀面积						
	闸门表面锈蚀坑点						
4. 闸门门叶	门叶整体结构						
	梁系结构						
	弧形闸门支臂						
	闸门焊缝						
	连接螺栓						
	闸门吊耳						
5. 行走支承装置	支铰与铰座						
	侧轮						
	转动部件润滑						

续表

单位工程	名称		单项设备	名称		数量	
	等级			等级		规格	

评级单元	评定项目	项目等级			单元等级		
		一	二	三	一类	二类	三类
6. 止水装置	止水橡皮						
	止水压板和螺栓						
7. 充水装置	止水严密,运行平稳						
	阀体结构						
	阀体与闸门的连接						
8. 锁定装置	安全可靠,操作方便						
	无变形和损伤						
	两侧受力均匀						
9. 闸门埋件	埋件外观						
	埋件工作面						
	埋件外露表面防腐蚀						
	埋件与混凝土间无渗水						
10. 闸门运行状况	止水严密						
	闸门挡水时无明显振动						
	启闭平稳,无异常						
11. 安全防护	安全通道、扶手栏杆、爬梯						
	防护栏杆						
	通气孔						
	防冰冻设施						

_____（工程名）_____固定式卷扬启闭机设备管理等级评定表

单位 工程	名称		单项 设备	名称		数量	
	等级			等级		规格	

评级单元	评定项目	项目等级			单元等级		
		一	二	三	一类	二类	三类
1. 操作规程及 操作记录	操作规程及其内容						
	操作记录及其内容						
2. 检修规程 及检修记录	检修规程及其内容						
	检修记录及其内容						
3. 电气设备、 应急装置及 操作控制系统	供电电源和备用电源						
	应急装置						
	电气线路						
	电气设备接地						
	配电柜、电气控制柜						
	各种表计及信号指示装置						
	电气触头						
4. 机架	机架主要结构件						
	机架主要受力焊缝						
	主要结构件的连接						
	机架防腐蚀						
5. 电机	电机外观及铭牌标识						
	电机功率						
	电机电流						
	电机绝缘电阻						
	电机温升和噪声						
6. 制动器	制动器工作可靠						
	制动器与闸瓦间隙						
	制动器与闸瓦接触面积						
	制动轮						
	制动器零部件						
	液压制动器						

续表

单位工程	名称		单项设备	名称		数量	
单位工程	等级		单项设备	等级		规格	

评级单元	评定项目	项目等级			单元等级		
		一	二	三	一类	二类	三类
7. 传动轴、联轴器、轴承	传动轴						
	联轴器						
	同轴度						
	轴承						
8. 减速器	油位						
	油质						
	密封						
	运行噪声						
9. 开式齿轮	啮合良好,运行平稳						
	齿面润滑						
	齿面接触斑点						
	齿轮侧隙						
	齿面硬度						
	齿面及端面缺陷						
10. 卷筒	卷筒缺陷						
	卷筒与开式齿轮的连接						
11. 钢丝绳与滑轮组	钢丝绳缺陷						
	钢丝绳缠绕						
	钢丝绳固定						
	钢丝绳位置						
	滑轮组						
12. 保护装置	开度指示装置						
	荷载限制装置						
	行程限位开关						
13. 安全防护	防护罩						
	防雨罩						
	安全通道						
	防护栏杆、爬梯						
	消防器材						
14. 运行环境	启闭机室环境						
	照明						

_____（工程名）_____液压式启闭机设备管理等级评定表

单位工程	名称		单项设备	名称		数量	
	等级			等级		规格	

评级单元	评定项目	项目等级			单元等级		
		一	二	三	一类	二类	三类
1. 操作规程及操作记录	操作规程及其内容						
	操作记录及其内容						
2. 检修规程及检修记录	检修规程及其内容						
	检修记录及其内容						
3. 电气设备、应急装置及操作控制系统	供电电源和备用电源						
	应急装置						
	电气线路						
	电气设备接地						
	配电柜、电气控制柜						
	各种表计及信号指示装置						
	电气触头						
4. 机架	机架主要结构件						
	机架主要受力焊缝						
	主要结构件的连接						
	机架防腐蚀						
5. 电机	电机外观及铭牌标识						
	电机功率						
	电机电流						
	电机绝缘电阻						
	电机温升和噪声						

续表

单位 工程	名称		单项 设备	名称		数量	
	等级			等级		规格	

评级单元	评定项目	项目等级			单元等级		
		一	二	三	一类	二类	三类
6.液压启闭 结构	液压缸和活塞杆						
	油缸与支座、活塞杆与闸门的连接						
	油缸密封						
	油泵及液压系统运行						
	油泵及液压系统密封						
	各种表计						
	液压油						
	双吊点同步偏差						
	油缸沉降量						
	液压管路颜色						
7.保护装置	开度指示装置						
	荷载限制装置						
	行程限位开关						
8.安全防护	防护罩、防雨罩						
	安全通道						
	防护栏杆、爬梯						
	消防器材						
9.运行环境	启闭机室环境						
	照明						

_____（工程名）_____螺杆式启闭机设备管理等级评定表

单位 工程	名称		单项 设备	名称		数量	
	等级			等级		规格	

评级单元	评定项目	项目等级			单元等级		
		一	二	三	一类	二类	三类
1. 操作规程 及操作记录	操作规程及其内容						
	操作记录及其内容						
2. 检修规程 及检修记录	检修规程及其内容						
	检修记录及其内容						
3. 电气设备、 应急装置及 操作控制 系统	供电电源和备用电源						
	应急装置						
	电气线路						
	电气设备接地						
	配电柜、电气控制柜						
	各种表计及信号指示装置						
	电气触头						
4. 机架	机架主要结构件						
	机架主要受力焊缝						
	主要结构件的连接						
	机架防腐蚀						
5. 电机	电机外观及铭牌标识						
	电机功率						
	电机电流						
	电机绝缘电阻						
	电机温升和噪声						

续表

单位 工程	名称		单项 设备	名称		数量	
	等级			等级		规格	

评级单元	评定项目	项目等级			单元等级		
		一	二	三	一类	二类	三类
6. 减速器	油位						
	油质						
	密封						
	运行噪声						
7. 螺杆启闭 机构	螺杆、螺母、蜗轮、蜗杆缺陷						
	螺杆直线度						
	运行状况						
	双吊点同步偏差						
	手摇机构						
8. 保护装置	开度指示装置						
	荷载限制装置						
	行程限位开关						
9. 安全防护	防护罩						
	防雨罩						
	安全通道						
	防护栏杆、爬梯						
	消防器材						
10. 运行环境	启闭机室环境						
	照明						

B.5 档案资料相关记录表

借阅档案登记表

序号	日期	单位	案卷或文件题名	利用目的	期限	卷号	借阅人签字	归还日期	备注

档案库房温/湿度记录表

库房号	时间(年/月/日/时/分)	温度/℃	湿度/%RH	记录人	备注

参 考 文 献

[1] 水利部关于印发《关于推进水利工程标准化管理的指导意见》《水利工程标准化管理评价办法》及其评价标准的通知[Z]. 水运管〔2022〕130 号. 2022-03-24.

[2] 仇力. 水闸运行与管理[M]. 南京:河海大学出版社,2006.

[3] 中华人民共和国水利部. 水利水电工程启闭机制造、安装及验收规范:SL 381—2021[S]. 北京:中国水利水电出版社,2021.

[4] 中华人民共和国水利. 水闸施工规范:SL 27—2014[S]. 北京:中国水利水电出版社,2014.

[5] 中华人民共和国水利. 水闸技术管理规程:SL 75—2014[S]. 北京:中国水利水电出版社,2014.

[6] 中华人民共和国水利. 水工金属结构防腐蚀规范:SL 105—2007[S]. 北京:中国水利水电出版社,2007.

[7] 中华人民共和国水利部. 水闸安全评价导则:SL 214—2015[S]. 北京:中国水利水电出版社,2015.

[8] 中华人民共和国水利部. 水工钢闸门和启闭机安全运行规程:SL/T 722—2020[S]. 北京:中国水利水电出版社,2020.

[9] 中华人民共和国水利部. 水闸设计规范:SL 265—2016[S]. 北京:中国水利水电出版社,2020.

[10] 安徽省市场监督管理局. 水闸技术管理规范:DB34/T 1742—2020[S]. 合肥:2020.

[11] 中华人民共和国国家质量监督检验检疫总局,中国国家标准化管理委员会. 安全标志及其使用导则:GB 2894—2008[S]. 北京:中国标准出版社,2008.

[12] 朱永庚,王立林,董树本,等. 工程精益管理(水管单位单位精细化管理系列丛书之四)[M]. 天津:天津大学出版社,2009.

[13] 朱永庚,王立林,谷守刚,等. 信息支撑管理(水管单位单位精细化管理系列丛书之十一)[M]. 天津:天津大学出版社,2009.

[14] 河南黄河河务局. 河南黄河水利工程维修养护实用手册[M]. 郑州:黄河水利出版社,2008.

[15] 江苏省水利厅. 水闸精细化管理[M]. 南京:河海大学出版社,2020.

[16] 宋力,汪自力. 水闸安全评价及加固修复技术指南[M]. 郑州:黄河水利出版社,2018.

[17] 王运辉. 防汛抢险技术[M]. 武汉:武汉水利电大学出版社,1999.

[18] 熊志平. 江河防洪概论[M]. 武汉:武汉大学出版社,2005.

[19] 中华人民共和国水利部.水闸安全监测技术规范:SL 725—2016[S]北京:中国水利水电出版社,2016.

[20] 徐士忠.闸门运行工(水利行业职业技能培训教材)[M].郑州:黄河水利出版社,2021.

[21] 李继业,李勇,邱秀梅,等.水闸工程除险加固技术[M].北京:化学工业出版社,2013.